DIANQI SHEBEI YUNXING JI
WEIHU BAOYANG CONGSHU

电气设备运行及维护保养丛书

高压交流隔离开关和接地开关

崔景春 等 编著

中国电力出版社
CHINA ELECTRIC POWER PRESS

内 容 提 要

近几年，随着我国电力工业的快速发展，新技术、新设备、新材料、新工艺在电力系统中的应用层出不穷，相应地对电气设备的运行与维护保养工作也提出了新的要求。为了更好地服务读者，满足读者要求，中国电力出版社组织科研、电力用户、设备制造单位相关权威专家共同编写了《电气设备运行及维护保养丛书》，由 10 余个分册组成，涵盖了电力系统中的主要电气设备。

本书是《电气设备运行及维护保养丛书 高压交流隔离开关和接地开关》分册。全书共分概述、高压交流隔离开关和接地开关的基本结构和技术参数、高压交流隔离开关和接地开关的运行技术、高压交流隔离开关和接地开关的试验、高压交流隔离开关和接地开关的运行管理、高压交流隔离开关和接地开关的维护保养和检修、高压交流隔离开关和接地开关常见故障分析与处理 7 章。

本书可供电力行业从事科研、规划、设计、采购、安装调试、运行维护及相关管理工作的人员以及电气设备制造企业从事研发、生产、销售、售后服务等相关工作的人员使用，也可供大专院校相关专业的师生阅读参考。

图书在版编目（CIP）数据

高压交流隔离开关和接地开关/崔景春等编著. —北京：中国电力出版社，2016.7（2019.2重印）

（电气设备运行及维护保养丛书）

ISBN 978-7-5123-9115-4

Ⅰ. ①高… Ⅱ. ①崔… Ⅲ. ①高电压–隔离开关②高电压–接地保护–开关 Ⅳ. ①TM564

中国版本图书馆 CIP 数据核字（2016）第 060876 号

中国电力出版社出版、发行

（北京市东城区北京站西街 19 号 100005 http://www.cepp.sgcc.com.cn）

北京天宇星印刷厂印刷

各地新华书店经售

*

2016 年 7 月第一版 2019 年 2 月北京第二次印刷

787 毫米×1092 毫米 16 开本 10.25 印张 182 千字

印数 2501—3500 册 定价 37.00 元

《电气设备运行及维护保养丛书 高压交流隔离开关和接地开关》

编 写 人 员

崔景春　王承玉　张　猛　刘兆林　宋　杲

赵伯楠　于　波　马炳烈　和彦淼

前　言

　　近几年，随着我国电力工业的快速发展，新技术、新设备、新材料、新工艺在电力系统中的应用层出不穷，相应地对电气设备的运行与维护保养工作也提出了新的要求。为推广科学、高效、安全、经济的电气设备维护保养方法，以减少电气设备的维修量、提高电气设备的运行效率、延长电气设备使用寿命，更好地服务读者，满足读者的需求，中国电力出版社组织科研、电力用户、设备制造单位共同编写了《电气设备运行及维护保养丛书》。该丛书由《电力线路》《高压交流断路器》《气体绝缘金属封闭开关设备》《高压交流隔离开关和接地开关》《高压交流金属封闭开关设备（高压开关柜）》等10余个分册构成。

　　本丛书所有参与编写人员均为科研、生产运行、制造一线且工作经验丰富的技术专家，权威性高；内容紧密结合当前电气设备应用实际，实用性强；涉及输变电系统各电压等级、各类型电气设备，涵盖范围广。

　　本书是《电气设备运行及维护保养丛书　高压交流隔离开关和接地开关》分册。全书共分概述、高压交流隔离开关和接地开关的基本结构和技术参数、高压交流隔离开关和接地开关的运行技术、高压交流隔离开关和接地开关的试验、高压交流隔离开关和接地开关的运行管理、高压交流隔离开关和接地开关的维护保养和检修、高压交流隔离开关和接地开关常见故障分析与处理7章。本书第一章由崔景春、王承玉编写；第二章由王承玉、崔景春编写；第三章由宋杲、张猛、马炳烈编写；第四章由崔景春、赵伯楠、和彦淼编写；第五章由刘兆林、于波编写；第六章由张猛、刘兆林编写；第七章由崔景春、张猛、刘兆林编写。全书由崔景春审校统稿。

　　本书在编写过程中得到中国电力科学研究院、国家电网公司华东分部、西安西电高压开关有限责任公司、上海西电高压开关有限公司和有关生产厂家的大力支持和帮助，提供了十分难得的素材和相关资料，并提出了宝贵的建议和意见。在此，向为本书编写工作付出了辛勤劳动和心血的所有人员表示衷心的感谢。

由于本书编写工作量大、时间仓促，书中难免存在不足或疏漏之处，敬请广大读者批评指正。

编　者

2016 年 2 月

目 录

前言

第一章

概　　述

　　高压交流隔离开关，顾名思义，主要是起隔离作用的开关设备。隔离开关在分闸位置起隔离作用时，触头之间应有符合规定要求的绝缘距离和明显的断开标志；在合闸位置时，应能长期承载负荷电流，直至额定电流，同时还应能够在规定的时间内承载短路电流，直至额定短时耐受电流和额定峰值耐受电流。当回路电流"很小"时，或者当每极的两个端子间的电压在关合和开断前后均无显著变化时，隔离开关应具有关合和开断这种回路的能力。所谓回路电流"很小"是指这样的电流，如套管、母线、连接线、非常短的电缆的容性电流，断路器断口间均压电容器的电流以及电压互感器和分压器的电流。按此定义，额定电压为 363kV 及以下、不超过 0.5A 的电流算是"很小"的电流，当额定电压为 550kV 及以上且电流超过 0.5A 时，应与生产厂家协商解决。按标准要求，额定电压 72.5kV 及以上的隔离开关还应该具有开合母线转移电流的额定能力。

　　接地开关是专门用于将停电回路进行接地的一种机械式开关设备，在异常条件下，如短路故障时，处于合闸位置的接地开关应能在规定的时间内承载短路电流直至额定短时耐受电流和额定峰值耐受电流，但在回路正常运行时，不要求其承载负荷电流。接地开关一般与隔离开关组装在一起，也可以单独使用。接地开关可以具有关合短路电流的能力，72.5kV 及以上的接地开关还应该具有开合和承载感应电流的额定能力。

　　高压交流隔离开关和接地开关是系统中极为重要的安全设备。隔离开关是为了保障将停电的设备和线路与运行系统进行安全隔离，以确保检修人员和停电设备的人身安全和设备安全。因此，标准规定隔离开关必须有明显可见的断口，以明示设备是否确实在分闸位置，同时还要求断口间的绝缘距离必须保障在一端带

1

电时，在任何工况下不会发生击穿，也不会产生从带电侧的端子到另一侧端子之间流过危险的泄漏电流。为此，隔离开关的断口之间的间隙要比对地的绝缘距离长，绝缘强度也要比相对地的高，一旦发生过电压，只会发生对地闪络而不会发生断口击穿。接地开关用于确保一旦发生误操作时或者隔离开关断口发生击穿时，仍能保障系统的停电部分处于接地状态，不会危及检修人员和停电设备的安全。因此接地开关在合闸状态下必须具有规定的动热稳定性能，确保在短路电流，直至额定短路开断电流的作用下仍能保持接地连接的连续性。尽管按照隔离开关的定义，只有在开断和关合电流"很小"时，或在隔离开关每极的端子之间电压没有显著变化时，隔离开关才能开断和关合回路，但是在某些运行工况中，可能需要通过隔离开关的操作将负荷从一条母线转换到另一条母线上，这就要求隔离开关应具有开合母线转移电流的能力。母线转换电流和转换电压取决于母线的长度、被转换的母线电流大小，以及隔离开关和母线的形式。接地开关的定义不包含开合能力。但是，在高压输电线路中，为了节约用地或受征地的限制，有时可能采用同塔同电压的双回或多回线路，或者采用同塔不同电压的多回线路，也可能有两条或多条近距离并行架设的线路。在这些情况下，当其中一条线路停运后，其一端已经接地或两端尚未接地，而其他线路仍在继续运行时，处于线路侧的接地开关就需要开断或关合由运行线路所产生的电磁感应和静电感应电流。当线路一端接地，接地开关在线路的另一端操作时，将要开断和关合感性电流；当线路一端的接地连接线开路，接地开关在线路的另一端操作时，将要开断和关合容性电流。感应电流和感应电压的数值，取决于线路之间的电容和电感的耦合系数、平行系统的电压、负荷电流和线路的长度。为了提高隔离开关开合小电容电流、小电感电流以及转移电流的能力，提高接地开关开合感应电流和关合短路电流的能力，采用快速分合闸动作的快速隔离开关和快速接地开关是非常实用的一种技术措施。但是对于敞开式空气绝缘的隔离开关和接地开关，鉴于其触头间的断口开距大，触头导电臂长，要实现快速分合闸是非常困难的。为此，对于难以实现快速分合闸，而又要求具有较大的转移电流开合能力和小电感、小电容电流开合能力的敞开式隔离开关，以及要求具有较大的感应电流开合能力的接地开关，通过在触头系统加装引弧触头或灭弧装置实现开合能力的提升。35kV 和 10kV 系统中使用的户内接地开关，由于触头间开距较小可以实现快速分合闸，使其具有短路关合能力。标准中，接地开关的短路关合能力分为三级，即 E0 级、E1 级和 E2 级，其中 E0 级不具备短路关合能力，E1 级具有两次短路关合能力，E2 级只"适用于 35kV 及以下系统使用，具有 5 次短路关合能力"。

第一节　高压交流隔离开关和接地开关的作用与分类

一、作用

高压交流隔离开关和接地开关的作用就是为了将停电的设备和线路与系统的带电部分进行明显可见的隔离并使停电部分可靠接地，从而保证停电设备和在线路上进行检修时的人身安全和设备安全。隔离开关和接地开关的分/合闸操作都应该是在不带电的情况下进行的，所以对它们从开始就没有要求具有开合电流的功能。隔离开关和接地开关主要装于断路器的两侧，也用于其他设备与电源之间的连接。

二、分类

高压交流隔离开关可以按照安装地点、断口数、绝缘介质、操作方式、结构形式、动触头运动速度、分合方式等进行分类：① 按安装地点可分为户内、户外 2 种；② 按断口数可分为单断口、双断口 2 种；③ 按绝缘介质可分为：空气绝缘、SF_6 气体绝缘、真空绝缘 3 种；④ 按操作方式可分为手动、动力（电动、气动、弹簧）2 种；⑤ 按结构形式可分为单柱式、双柱式、三柱式、组合式 4 种；⑥ 按动触头运动速度可分为慢速、快速 2 种；⑦ 按分合方式可分为水平分合、垂直分合、折叠式分合 3 种。

接地开关一般和隔离开关组合在一起，结构更为简单，断口数均为一个，一般采用单臂分合结构，分类和隔离开关类似。

第二节　高压交流隔离开关和接地开关的发展和应用

高压交流隔离开关和接地开关一直以来均被作为高压断路器的配套产品进行设计、开发和生产，因此它们的发展一直与断路器的发展紧密相关，同时又伴随着变电站的变电容量、电压等级、接线方式、运行方式和操作方式的不断发展而发展，这主要表现在结构形式、开合性能、导电系统和机械传动系统的不断发展，电气可靠性和机械动作可靠性的不断提高，以及环境适应性的不断改善。

一、高压交流隔离开关和接地开关的总体发展概况

高压交流隔离开关和接地开关的结构比断路器简单得多，一般由底座、支持绝缘子和操作绝缘子、导电回路、操动机构和机械传动系统组成。底座是支持和操作绝缘子的装配基础，也是操动机构的支撑和固定基础；支持绝缘子由棒式绝缘子组成，作为开关的对地绝缘和接线端子的安装基础，还要承受端子拉力；操作绝缘子只是起旋转操作触头的作用，承受扭矩；导电回路包括接线端子、导电杆、动触头和静触头，还包括导电回路中转动部位的过渡连接；导电杆和触头系统通过操动机构带动机械传动系统驱动操作绝缘子进行分合闸操作。电力系统最早使用的隔离开关有两种，一种是单柱单臂垂直断口的隔离开关；另一种是双柱式隔离开关，它又分为单臂垂直开启式和双臂水平开启式，而双臂水平开启式又分为门型和 V 型两种，图 1−1 分别为这几种隔离开关的外形图，这些结构形式的产品一般使用在 110kV 及以下的电力系统中。为了适应 110kV 以上电网发展的需要，在 20 世纪 60 年代研制出了三柱双断口水平开启式和单柱垂直折叠式两种新型产品，单柱垂直折叠式产品又分为双臂剪刀式和单臂剪刀式，后来在单臂剪刀式的基础上又派生出双柱水平折叠式的产品以及单臂剪刀式使用插入式梅花触头结构的产品，这些产品完全可以满足 110kV 以上变电站的使用要求。接地开关一般与隔离开关组装在一起，作为母线单独使用的接地开关，其结构形式如同单柱式隔离开关，目前主要有两种：一种为单柱折叠式，另一种为单柱单臂式。图 1−2 为三柱、双柱和单柱式隔离开关的外形示意图，图 1−3 为单柱折叠插入式隔离开关外形示意图，图 1−4 为单独使用的接地开关的外形示意图。

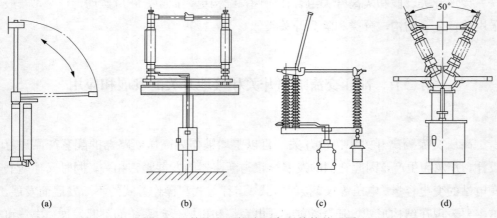

图 1−1　单柱和双柱式隔离开关的外形图

（a）单柱单刀式（GW3 型）；（b）双柱水平开启式（GW4 型）；（c）双柱垂直开启式（GW2 型）；
（d）双柱 V 型水平开启式（GW5 型）

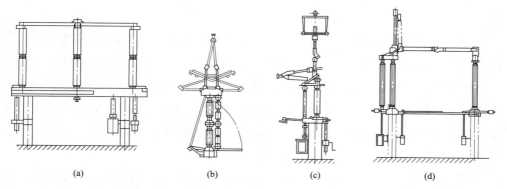

图 1-2　三柱、双柱和单柱式隔离开关的外形图
（a）三柱水平旋转式（GW7 型）；（b）单柱双臂剪刀式（双臂折叠式，GW6A 型）；
（c）单柱单臂剪刀式（单臂折叠式，GW10、GW16 型）；
（d）双柱水平伸缩式（单臂水平折叠式，GW11、GW17 型）

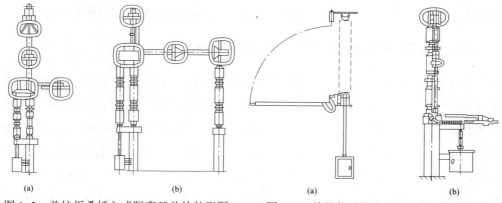

图 1-3　单柱折叠插入式隔离开关的外形图　　　图 1-4　单独使用的接地开关的外形图
　　　　（a）垂直式；（b）水平式　　　　　　（a）单柱单刀式接地开关；（b）单柱折叠式接地开关

　　几十年来，高压交流隔离开关的总体结构形式基本上没有重大的变化。但是，为了适应电力系统变电站的接线方式、运行方式、操作方式的不断发展和变化，尤其是用 SF_6 开关设备替代了少油断路器和压缩空气断路器以后，对隔离开关运行可靠性提出了更高的要求以来，世界上一些主要隔离开关生产厂家也在不断地对隔离开关的导电性能、开合性能、机械操作性能和环境适应性等方面进行了大量的试验研究和完善改进工作，随着科学技术的不断进步，一些新材料、新工艺和新技术的应用使产品的技术性能和运行可靠性得到不断地改善和提高，隔离开关的制造水平和质量水平几十年来也得到极大的提升。新材料、新工艺和新技术在隔离开关上的应用主要表现在以下各方面：

　　（1）为了改善导电性能，采用由特殊材料和工艺制造成的新型自力型触头，采用翻转式动触头，触头表面采用石墨镀银、镶银和镀坚银等技术改善其耐磨性能，采用插入式触头结构，采用不锈钢触头弹簧和外压式防锈、防电腐蚀结构的静触头等。

（2）为了改善和提高隔离开关和接地开关开合小电流、转移电流和感应电流的技术性能，采用加装铜钨合金引弧触头、加装真空灭弧室和并联电阻等技术措施。

（3）为了提高机械动作可靠性，全面提高零部件的加工工艺，关键部件的加工使用加工中心，转动部位采用新型不锈钢材质的全密封轴承，采用锂基二硫化钼润滑脂并密封在轴承内，连接部位采用干式复合轴套和不锈钢轴销或采用球型万向节结构，过渡连接部位采用密封结构等。

（4）为了提高防水、防腐等性能，机构箱、中间机构转换箱等箱体采用铸铝合金或不锈钢外壳，焊接件改用精密铸造件，零部件采用不锈钢材料，外露部件采用热镀锌工艺，转动部位和机械传动连接部位采用防水和密封措施等。

上述这些新材料、新工艺和新技术的应用，全面提高了现代高压交流隔离开关的技术性能和制造水平，使之更加适应于超高压和特高压变电站的应用。

二、我国高压交流隔离开关和接地开关的发展和应用

我国高压交流隔离开关和接地开关的研制和生产与断路器的研制和生产基本是同步进行的，和断路器一样，也是从 20 世纪 50 年代初期仿制苏联隔离开关产品开始起步。1953 年开始生产的产品是仿苏 PHJI3 型和 PHJH0 型系列产品，型号分别为 GW2 和 GW3，额定电压为 35～110kV，生产的工厂为原沈阳高压开关厂和原西安高压开关厂。20 世纪 50 年代中期西安高压开关厂自行研制了 GW4 型 35～252kV 双柱水平旋转中间开闭式隔离开关，沈阳高压开关厂自行研制了 GW5 型 35～110kV 双柱 V 型水平旋转中间开闭式隔离开关，这两种产品成为 20 世纪 60～70 年代我国电网使用的主流产品。图 1-1（a）～（d）分别为 GW3、GW4、GW2 和 GW5 型产品的外形示意图。

20 世纪 60 年代末期，为了满足我国第一条 330kV 刘—天—关输变电工程的需要，西安高压开关厂和沈阳高压开关厂联合设计开发了 GW7-330/1500-26 型三柱水平旋转式双断口超高压交流隔离开关，不但满足了我国 1970 年建成的第一条 330kV 输电线路的需要，而且成为我国 220kV 和 330kV 系统的主要产品。与此同时，沈阳高压开关厂于 1969 年还研制成功单柱偏折式 GW6 型 220kV 隔离开关，并于 1972 年先后在浙江富春江水电厂和吉林长春一次变电站投入试运行，后来又将产品的额定电流由 1500A 提高到 2000A，并扩展到 110kV 电压等级。图 1-5 为 GW6-220 型单柱折叠式隔离开关。

1976 年我国开始启动 500kV 输变电工程建设，为了促进我国 500kV 输变电设备的研制和发展，全部实现国产化，国家决定建设元—锦—辽—海 500kV 输变

6

电工程，以锦州—辽阳为试验线段，锦州
和辽阳两个 500kV 变电站的输变电设备均
装用国产自制的产品，500kV 压缩空气断
路器和隔离开关分别由西安高压开关厂和
沈阳高压开关厂负责研制，产品技术条件
和试验标准由水电部和机械部组织两部科
研、制造、试验、设计和运行部门共同制
订。1980 年西安高压开关厂和沈阳高压开
关厂分别研制成功 GW7-500/2500-50 型
三柱水平旋转式双断口隔离开关、
GW6A-500/2500-40 型三角锥形瓷柱绝缘
子支架的剪刀式隔离开关和 JW2 型接地开
关，并用于锦—辽工程进行试运行。1984
年我国开始兴建元—锦—辽—海和晋—京
等 500kV 输变电工程，沈阳高压开关厂在
锦—辽线设备研制的基础上，将 GW6A 的

图 1-5　GW6-220 型单柱折叠式隔离开关

额定电流和热稳定电流分别提高到 3150A 和 50kA，而西安高压开关厂和平顶山
高压开关厂则参考 1981 年投运的我国第一条 500kV 输电线路平顶山—武汉
500kV 输电线路所引进的，由法国 M·G 公司制造的 SSP 型 500kV 单柱单臂垂直
折叠式隔离开关和 OH 型双柱单臂水平折叠式隔离开关,研制成功 GW10-550DW/
2500-50、GW11-550DW/2500-50、JW3-550DW/50 和 GW16-550DW/2500-50、
GW17-550DW/2500-50、JW5-550/50 等新型 550kV 高压交流隔离开关和接地开
关，并分别于 1985 年用于葛洲坝大江电厂 500kV 升压站，1987 年用于山东邹县
电厂 500kV 升压站。1988 年沈阳高压开关厂将原来由三个瓷绝缘子支柱组成的三
角锥形支柱组成的 550kV 隔离开关和接地开关全部改进为单柱式绝缘支柱结构，
成为纯粹的单柱式隔离开关和接地开关。到 20 世纪 80 年代末，我国已经完全可
以自行制造 550kV 及以下高压交流隔离开关和接地开关。图 1-2（a）～（d）分
别为 GW7 型、GW6 型、GW16 型、GW17 型隔离开关的外形图。进入 20 世纪
90 年代，我国迎来了电力工业大发展时期，除西安、沈阳和平顶山三大开关厂之
外，又涌现出长沙高压交流隔离开关厂、山东泰安高压开关厂、江苏如皋高压电
器厂等一批新兴高压交流隔离开关制造企业。与此同时，一批国外知名企业，如
阿尔斯通、西门子、ABB、高岳、Egic、HAPAM 等，也进入我国电力市场，中
国高压交流隔离开关进入了快速发展时期。

1999 年，为了适应三峡工程的需要，西安和沈阳两大开关厂将 550kV 高压交流隔离开关的额定电流和短时耐受电流分别提高到 4000A 和 63kA。2001 年平顶山高压开关厂又研制出 GW28-550、GW29-550 和 JW8-550 新型分步动作插入式触头的产品。2003 年，为了适应西北 750kV 输变电工程的需要，西安高压开关厂与美国南州电力开关有限公司（SSL）签订技术转让和合作生产协议，研制出 GW45 型双柱水平断口垂直开启式的 800kV 以及 550kV、363kV 的隔离开关，GW45-800 产品于 2005 年 9 月在我国第一个 750kV 青海官亭至甘肃兰州东的示范工程中投入运行。河南平顶山高压开关厂和辽宁沈阳高压开关厂也于 2006 年研制成功 GW27-800 型三柱水平旋转式双断口翻转触头的隔离开关和 JW8-800 型单柱单臂折叠式接地开关、GW12A-800 型双柱水平折叠隔离开关和 JW4-800 型单柱单臂折叠式接地开关。与此同时，长沙高压交流隔离开关厂也研制成功 GW7C-800 三柱式翻转触头隔离开关和 JW5-800 接地开关。2006 年开工建设的特高压百万伏晋东南—南阳—荆门试验示范输变电工程为我国发展特高压交流隔离开关提供难得的宝贵时机，国内各大隔离开关生产厂家在研制生产 550kV 和 800kV 产品的基础上，独立自主地研制了 1100kV 接地开关和隔离开关。2008 年由西安高压开关有限责任公司和长沙高压开关有限公司研制的单柱单臂折叠式接地开关正式投入试运行，2010 年和 2011 年西安高压开关厂、平顶山高压开关长、长沙高压开关厂和泰开高压开关有限公司先后研制成功三柱式 1100kV 隔离开关和单柱单臂折叠式接地开关，并且独立自主创新研制成功 1000kV 特高压串补所需的、带有真空灭弧装置的隔离开关，其切合 6300A 转移电流和关合 10kV 电容器放电电流的性能达到世界领先水平。

至 2011 年，我国高压交流隔离开关的技术水平、生产水平和运行水平已经达到世界先进水平，尤其是 800kV 和 1100kV 的产品已经是世界领先水平。

图 1-6 为 GW7-1100/6300-63 型隔离开关的外形示意图，图 1-7 是 GW7-1100 型隔离开关破冰试验图，图 1-8 是 GW7-1100 型串补专用隔离开关用于切合转移电流的附加真空装置示意图。

图 1-6　GW7-1100/6300-63 型隔离开关外形示意图

图 1-7　GW7-1100 型隔离开关破冰试验图

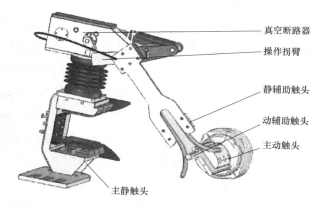

图 1-8　附加真空装置示意图

三、高压交流隔离开关的完善化

　　高压交流隔离开关是电力系统中使用量最大、应用范围最广的开关设备，但是，由于高压交流隔离开关的结构相对简单，易于制造，技术含量较低，所以长期以来并未受到制造和使用部门的充分重视。开关生产厂家往往只是将高压交流隔离开关作为与断路器配套的一种附加产品进行生产，对产品的设计、材质、工艺、组装、调试和质量控制等均置于次要地位，高压断路器才是主设备，因此和断路器相比，隔离开关的技术性能和产品质量很难保证。

　　20 世纪 90 年代之前，虽然高压交流隔离开关故障频发，质量问题和设计问题较多，但是问题总也得不到根本的解决，其主要原因是，由于当时系统运行的高压少油断路器同样存在故障多、检修周期短、临检频繁、运行可靠性低的问题，因此高压交流隔离开关的问题并不十分突出。然而，进入 20 世纪 90 年代之后，随着电力系统容量的不断增长、超高压电网的不断扩大，尤其是高可靠性、少维护、大开

断电流的 SF_6 断路器的大量使用，使得高压断路器的运行可靠性得到不断的提高。此时就突显了高压交流隔离开关与运行可靠性得到极大改善的 SF_6 断路器不相匹配的矛盾，高压交流隔离开关的运行可靠性已经不能适应现代电网的技术进步和高压开关设备技术发展的需要，而且已经逐步上升为影响电力系统安全运行的主要矛盾，这种状态应该而且必须尽快改变。

为了加强高压交流隔离开关的运行管理，尽快解决运行中存在的绝缘子断裂、操作失灵、导电回路过热和锈蚀四大问题，尽快降低故障率，2001 年 11 月 14 日原国家电力公司发输电运营部以发输电输〔2001〕150 号文《关于开展高压交流隔离开关完善化工作的通知》发至各网、省电力公司和西安高压开关厂、沈阳高压开关厂、平顶山高压开关厂三大开关厂，2001 年 1 月成立了"国家电力公司高压交流隔离开关完善化工作组"。国家电力公司高压交流隔离开关完善化工作组通过两年的工作，尤其是通过对运行状况和三大开关厂生产状况的调研和分析，分别提出了 GW4、GW5、GW6、GW7、GW10、GW11、GW12、GW16 和 GW179 产品系列的完善化方案，并提出了"目前对高压交流隔离开关应采取的应急措施"，同时对三大开关厂的生产条件、加工工艺、装配和试验等提出了具体的改进意见和要求。三大开关厂根据完善化工作组的要求，将完善化措施逐项落实到产品的结构设计、材质、加工工艺、组装和试验中，并于 2003 年 12 月初完成了典型完善化产品的样机试制。2003 年 12 月 10～12 日，国家电网公司生产运营部在西安召开 2003 年高压开关专责会议，会议的重点是对完善化工作组提交的三大开关厂 9 个系列产品的完善化方案和由三大开关厂试制的典型完善化样机进行技术审查。会议认为 9 个系列产品的完善化方案符合实际运行要求，切实可行，完善化样机在外观质量、技术性能和可靠性上均取得了预期的效果，可以在电力系统中推广应用。会议还制订了《关于高压交流隔离开关订货的有关规定（试行）》。为了做好运行中高压交流隔离开关的完善化技术改造和完善化产品的使用，国家电网公司生产运营部于 2004 年 1 月 9 日以生产输电〔2004〕4 号文发出《关于印发 2003 年高压开关专责会议纪要的通知》，要求各网、省电力公司要按会议纪要的要求，有组织、有计划、有领导地开展运行中高压交流隔离开关的完善化技术改造工作，力争三年内完成在运不符合要求的高压交流隔离开关的技术改造，新建和扩建、改建工程中所选用的高压交流隔离开关必须是经过完善化技术审查和满足《关于高压交流隔离开关订货的有关规定》的产品。随后，各网、省电力公司分别安排专项资金，有领导、有计划、有组织地对运行中高压交流隔离开关进行了大规模的完善化技术改造和设备更新工作，使运行中的设备健康水平和运行可靠性得到极大的改善和提高，产品的质量水平和技术性能得到明显的提升，高压交流隔离开关的故障率显著下降，运行状态得到根本的改变，完善化工作效果显著。下面简单介绍几种目前正在大量使用的经过完善化之后的产品的结构、动作原理和主要特点。

图 1-9 为 GW4-252 型（GW4 系列 252kV）隔离开关结构图。GW4 系列产品

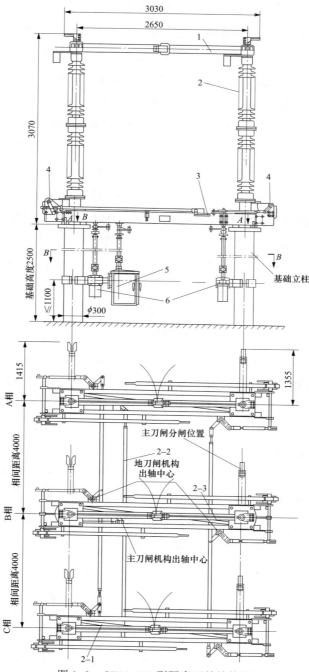

图 1-9　GW4-252 型隔离开关结构图

1—主刀闸；2—支柱绝缘子；3—底座；4—接地部分；5—主刀闸操动机构；6—地刀闸操动机构

2-1—控制杆；2-2—主刀闸三相水平连杆；2-3—单极连杆

为双柱水平旋转中间断点型隔离开关，每台由三个单极组成，每极由底座、支柱绝缘子、主刀闸部分、接地开关部分、操动机构及其机构传动部分组成。每极开关有两个支柱绝缘子，它们既作为对地的绝缘，也作为动、静触头分合的传动部件。支柱绝缘子分别安装在底座两端的转动轴承座上，动、静触头分别安装在两个支柱绝缘上，GW4 系列的工作原理为：隔离开关分合闸由操动机构控制，操动机构主轴旋转 90°，通过垂直连杆和控制连杆及极间水平连杆带动一侧三支绝缘子旋转 90°，而另一侧反向旋转 90°，实现分合闸操作。隔离开关在分闸位置时，可以操作接地开关合闸。隔离开关和接地开关的转动轴上装有机械联锁装置，以确保主刀闸和地刀闸之间的联锁。产品特点为结构简单，动、静触头同时动作，两个支柱绝缘子既作为对地的主绝缘，又作为动、静触头分合闸的传动部件，既承受弯矩，又承受扭矩。GW4 系列断口开距由两个支柱绝缘子的距离决定，当额定电压较高时，断口开距和相间距离都要增大，占地面积较大，且动、静触头导电臂过长对触头的闭合准确性有较大影响。因此，GW4 系列一般用 220kV 及以下系统中。

图 1-10 为 GW5-126 型（GW5 系列 126kV）隔离开关结构示意图。GW5 系列产品与 GW4 系列产品结构基本相同，均为双柱水平旋转中间断点型隔离开关，但是它的两个支柱绝缘子呈 V 型布置，两个支柱绝缘子装于底座两侧的转动轴承座上。主刀闸分合闸操作和接地开关操作及其联锁与 GW4 相同。GW5 系列产品的特点是结构简单，安装调试方便灵活，占地面积小，但支柱绝缘子要斜装，既受弯矩也受扭矩，当额定电压较高时，断口距离将随之增大，同样会使动、静触头合闸时的准确性受到影响，所以 GW5 系列一般只用于 110kV 及以下系统中。

图 1-11 为 GW6-252 型（GW6 系列 252kV）隔离开关结构示意图。GW6 系列产品为单柱垂直双臂折叠式隔离开关，开关动触头系统为双臂剪刀式折叠结构。它由三个单极组成，每极主要包括操动机构、底座、支柱绝缘子、操作绝缘子、动触头导电系统、静触头、接地开关及其操动机构、分合闸机械传动系统。GW6 系列动作原理如下：合闸时由电动机构通过垂直连杆、连杆和旋转法兰驱动操作绝缘子顺时针旋转约 135°，操作绝缘子通过传动轴和拐臂带动连杆系统，连杆系统带动下导电管向上运行并通过连轴节带动上导电管向上运动，使双臂剪刀伸直。当动触头与静触杆接触后，夹紧连杆继续运动，使动触头夹紧静触头导电管，并保持一定的夹紧力，当主动拐臂过死点后，合闸动作完毕。分闸操作与此相反。分闸完成后，上下导电杆成打开的剪刀似的交错折叠，交叉点位于中间机构箱支持绝缘子的上方。三极隔离开关的操动机构一般置于中间一极，然后通过连杆和拐臂带动其他两极的操作绝缘子旋转。

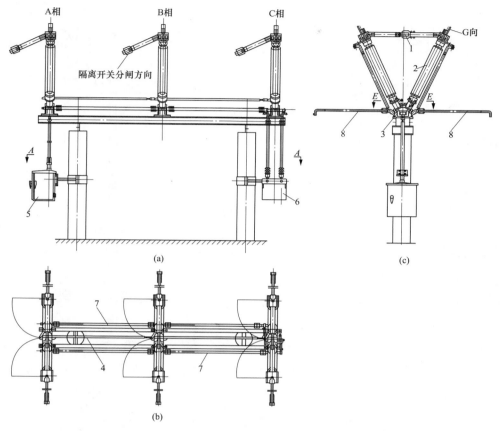

图 1-10　GW5-126 型隔离开关结构示意图

（a）示意图（一）；（b）示意图（二）；（c）示意图（三）

1—主刀闸；2—支柱绝缘子；3—底座；4—主刀闸三相连杆；5—主刀闸操动机构；

6—地刀闸操动机构；7—地刀闸三相连杆；8—接地开关

　　GW6 型产品的特点是结构紧凑，占地面积小，动、静触头的接触范围大，适用于母线用隔离开关，而且软母线或硬母线均可适用；由于是单柱结构，要求支柱绝缘子的抗弯强度高，产品一般用于 110kV 及以上系统。

　　图 1-12 为 GW7-252 型（GW7 系列 252kV）隔离开关结构示意图。GW7 系列隔离开关为三柱双断口水平旋转式隔离开关，目前一般均采用翻转式动触头，翻转角度不同产品可能不同，一般为 45°～90°。产品结构主要包括操动机构、底座、中间的操作绝缘子和两侧的支持绝缘子、动触头导电系统、静触头、动触头翻转机构、接地开关和操动机构、分合闸机械传动系统。GW7 系列动作过程如下：合闸时，由操动机构带动中间绝缘子柱的主刀闸先顺时针水平旋转至静触头内，当动触头碰到静触头内的限位器后水平旋转到位，此时动触头在传动箱内翻转装置的带动下再绕自身轴线逆时针（或顺时针）旋转 45°（或其他角度），当动触头与静触头

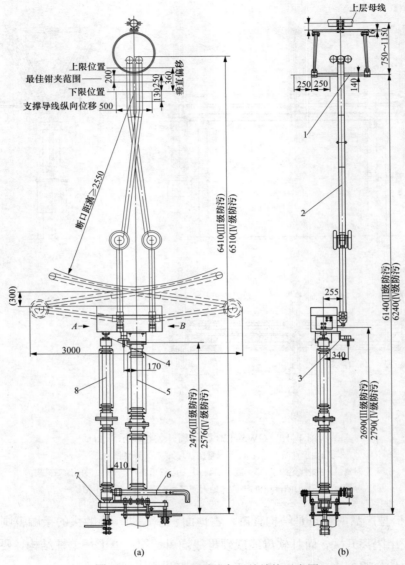

图 1-11　GW6-252 型隔离开关结构示意图

（a）示意图（一）；（b）示意图（二）

1—母线静触头；2—主刀闸；3—接地静触头；4—旋转法兰；5—支柱绝缘子；
6—接地刀闸；7—底座；8—操作绝缘子

内的限位钩相撞后成垂直角度压紧静触指后，合闸动作完成。分闸时，操动机构带动中间绝缘子柱逆时针旋转，由于静触头限位钩的限制，动触头不能水平旋转，只能先在翻转装置的带动下绕自身轴线顺时针旋转 45°，然后在操作绝缘子的带动下逆时针水平旋转约 71° 至分闸位置。GW7 系列隔离开关的特点是结构简单，双断口空气间隙大，更适用于超高压和特高系统使用，采用翻转式动触头使触头具有自清洁功能且接触性能更加良好，并使合闸机械冲击力大大降低。

14

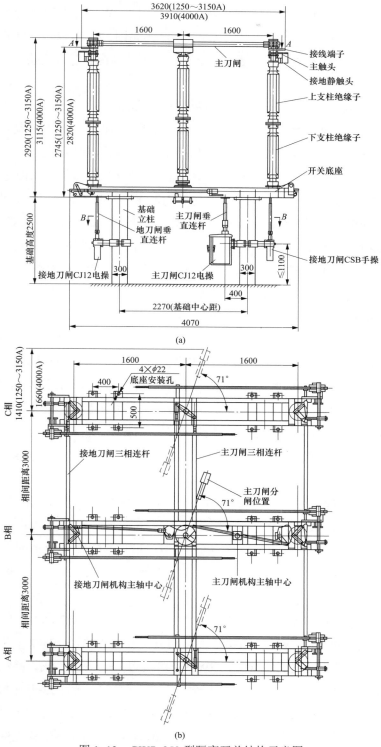

图 1-12　GW7-252 型隔离开关结构示意图
（a）示意图（一）；（b）示意图（二）

图 1-13 为 GW16-363 型隔离开关结构示意图。GW16 系列隔离开关为单柱单臂垂直伸缩式隔离开关,产品结构与 GW6 型基本相同。每极隔离开关由操动机构、垂直连杆、底座、支柱绝缘子、操作绝缘子、动触头装配、静触头装配、接地开关装配、接地开关操动机构和垂直连杆等组成。

GW16 系列隔离开关的合闸过程由两部分组成,即伸长和夹紧两步动作。合闸时,操动机构驱动操作绝缘子转动,同时驱动曲柄 7 和传动连杆 8 运动使动触头下的转动基座 9 绕水平转轴逆时针方向旋转,同时使导电管内的齿条拉杆 19 相对于下导电管 10 做轴向位移,而齿条拉杆的上端与齿条 12 为固定连接,从而通过齿条 12 的移动来驱动齿轮 13 转动,同时使与齿轮轴固定连接的上导电管相对于下导电管做伸长运动,即单臂剪刀由叠合状态变为张开伸直状态。与此同时,在齿条拉杆 19 轴向运动的同时,平衡弹簧 11 按预定的要求进行压缩储能,以便于分闸时的操作。动触头上、下导电管由折叠状态变为伸直状态时,滚轮 14 开始与齿轮箱上的斜面接触,并沿斜面继续运动,而与滚轮相连的夹紧推杆 15 便克服复位弹簧 16 的作用力向上推进,并使动触头做钳夹运动夹紧静触杆 18。当静触杆被夹紧后,滚轮 14 还继续沿斜面上移 3~5mm,使夹紧推杆 15 压缩动触指背面的夹紧弹簧,夹紧弹簧再次被压缩后使动、静触头的接触更为可靠。隔离开关的分闸操作按合闸的相反方向进行,滚轮 14 沿斜面向外运动直至脱离斜面,使动触头在复位弹簧 16 的作用下由夹紧推杆带动松开静触杆。动触头在齿条拉杆的带动下,上、下导电管进行折叠恢复至分闸位置。

GW16 系列单柱单臂垂直折叠式隔离开关结构紧凑,占地面积小,动、静触头接触范围大且接触紧密,适用于软、硬母线,由于是折叠式,上、下导电管不宜过长,因此此隔离一般更适用于 550kV 及以下系统中。

图 1-14 为 GW17-363 型隔离开关结构示意图。GW17 型系列隔离开关为双柱单臂水平伸缩式隔离开关,产品结构与 GW16 相同,只是将垂直伸缩的单臂改变为水平伸缩,其分、合闸过程也与 GW16 相同。GW17 型系列产品适用于线路或除母线之外的设备用隔离开关,它可以组合成三柱式组合隔离开关,以减少占地面积,如图 1-15 所示。

图 1-16 和图 1-17 分别为 GW29(GW35)-550 型和 GW28(GW36)-550 型隔离开关结构示意图。GW29、GW28 型隔离开关和 GW16、GW17 型隔离开关的结构基本相同,不同之处是 GW28、GW29 的动触头是梅花型触指,静触头装配在喇叭形防护罩内触头棒。当隔离开关由分闸位置运动到动、静触头开始接触后,动触头仍继续运动,使静触头棒插入梅花触指中,梅花触指的压紧弹簧使动、静触头之间保持良好的接触。GW28、GW29 比 GW16、GW17 的触头结构先进,动、静触头之间的配合更为紧密,动热稳定性能高,防护性能好。

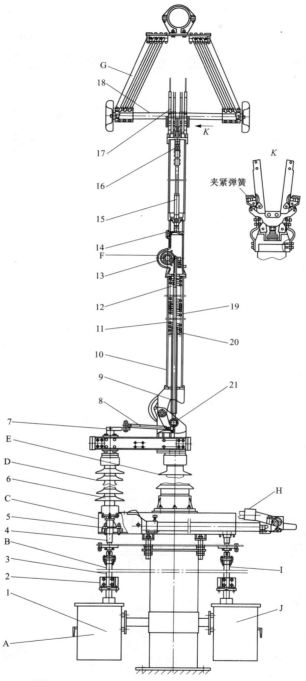

图 1-13　GW16-363 型隔离开关结构示意图

1—操动机构；2—操动机构抱夹；3—垂直传动连杆；4—操作绝缘子转轴；5—可调支撑；6—操作绝缘子；7—驱动曲柄；
8—传动连杆；9—主刀闸转动基座；10—下导电管；11—平衡弹簧；12—齿条；13—齿轮；14—滚轮；15—夹紧推杆；
16—复位弹簧；17—钳夹刀片；18—静触杆；19—齿条拉杆；20—弹簧撑杆；21—齿条拉杆铰接转轴

A—操动机构；B—垂直连杆；C—底座；D—操作绝缘子；E—支柱绝缘子；F—动触头装配；G—静触头装配；
H—接地开关装配；I—接地开关垂直连杆；J—接地开关操动机构

高压交流隔离开关和接地开关

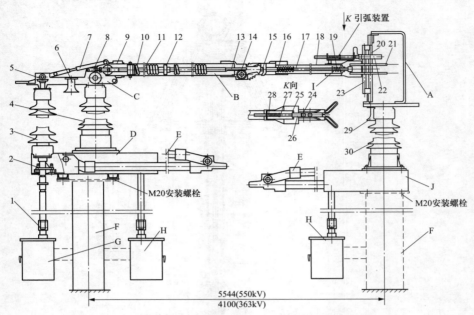

图1-14   GW17-363型隔离开关结构示意图

1—接头；2—可调支承；3—操作绝缘子；4—主刀闸支柱绝缘子；5—伞齿轮；6—接地开关静触头装配；
7—可调双连杆；8—可调连接；9—下导电管；10—平衡弹簧；11—拉杆；12—调节螺套；13—齿条；14—齿轮；
15—滚轮；16—夹紧弹簧；17—顶杆；18—上导电管；19—复位弹簧；20—静触杆；21—动触指；22—导向板；
23—静引弧触杆；24—动引弧触杆；25—导电支架；26—导电带；27—导杆；28—顶紧弹簧；
29—接地开关静触头装配；30—静触头支柱绝缘子

A—静触头装配；B—主刀闸装配；C—接线底座装配；D—组合底座装配；E—接地开关装配；F—基础立柱；
G—电动操动机构；H—电动操动机构或手动操动机构；I—动触头座装配；J—静触头底座装配

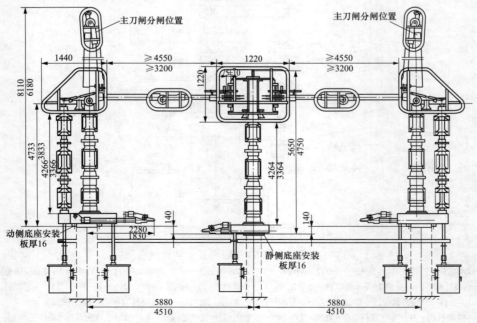

图1-15   GW17型隔离开关结构示意图

18

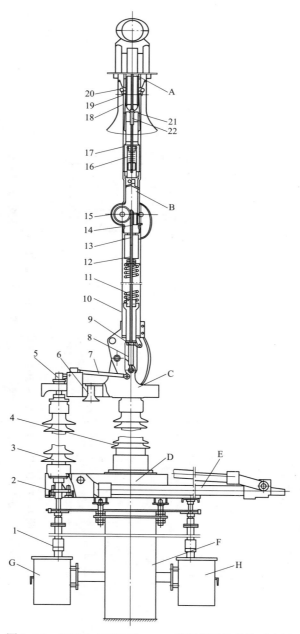

图 1-16　GW29（GW35）-550 型隔离开关结构示意图

1—接头；2—可调支承；3—操作绝缘子；4—支柱绝缘子；5—主动拐臂；6—接地开关静触头装配；7—可调连杆；

8—可调连接；9—调节螺母；10—下导电管；11—平衡弹簧；12—拉杆；13—齿条；14—调节螺栓；

15—齿轮；16—复位弹簧；17—上导电管；18—动触指；19—夹紧弹簧；

20—静触棒；21—静弧触头；22—动弧触头

A—静触头装配；B—主刀闸装配；C—接线（传动）底座装配；D—组合底座装配；E—接地开关装配；

F—基础立柱；G—电动操动机构；H—电动操动机构或手动操动机构

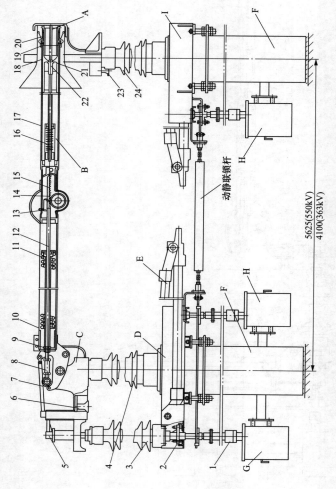

图 1-17 GW28（GW36）-550 型隔离开关结构示意图

1—接头；2—可调支承；3—操作绝缘子；4—主刀闸支柱绝缘子；5—主动拐臂；6—接地开关静触头装配；7—可调连杆；8—可调螺母；9—调节连接；10—下导电管；11—平衡弹簧；12—拉杆；13—调节螺栓；14—齿轮；15—齿条；16—复位弹簧；17—上导电管；18—动触指；19—夹紧弹簧；20—静触棒；21—静弧触头；22—动弧触头；23—接地开关静触头装配；24—静触头支柱绝缘子

A—静触头装配；B—主刀闸装配；C—接线底座装配；D—组合底座装配；E—接地开关装配；F—基础立柱；G—电动操动机构；H—电动操动机构或手动操动机构；I—静触头底座装配

动静联锁杆

5625(550kV)
4100(363kV)

图 1-18 为目前较多使的折叠式接地开关和单臂式接地开关结构示意图，其动作原理与隔离开关相同，但结构要简单得多，接地开关可以单独使用，也可以与隔离开关组合在一起，这要看用户的需要。接地开关的动、静触头配合有钳夹式，也有插入式。

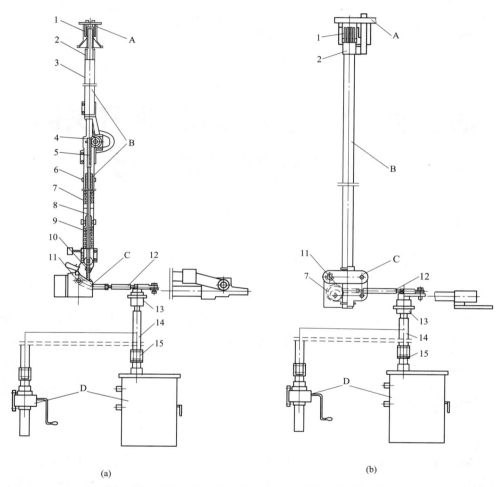

图 1-18 折叠式接地开关和单臂式接地开关结构示意图

（a）示意图（一）；（b）示意图（二）

1—静触指；2—动触头；3—上导电管；4—齿轮；5—齿条；6—可调螺套；7—平衡弹簧；

8—操作杆；9—下导电管；10—可调连接；11—转轴；12—传动连杆装配；

13—支座；14—垂直连杆；15—接头

A—接地静触头装配；B—接地开关装配；C—组合底座装配；D—操动机构（电操或手操）

第二章

高压交流隔离开关和接地开关的基本结构和技术参数

第一节 基 本 结 构

高压交流隔离开关和接地开关的基本结构是指组成隔离开关或接地开关的主要部分，不同型式和不同规格的隔离开关和接地开关，其附属的组成部分各不相同。

一、隔离开关

（一）导电系统

隔离开关的导电系统是指系统电流流经的接线端子装配部分、端子与导电杆的连接部分、导电杆、动触头和静触头装配。隔离开关的导电系统是电力系统主回路的组成部分。

（二）连接部分

隔离开关的连接部分是指导电系统中各个部件之间的连接，包括接线端子与接线座的连接、接线座与导电杆的连接、导电杆与导电杆的连接（折叠式动触杆）、动触头与静触头之间的连接。这些连接部分有固定连接，也有活动连接，包括旋转部件的导电连接，这些连接部位的连接可靠性是保证导电系统可靠导电的关键。

（三）触头

隔离开关的触头是在合闸状态下系统电流通过的关键部位，它由动、静触头之间通过一定的压力接触后形成电流通道。长久地保持动、静触头之间的必需的接触压力是保证隔离开关长期可靠运行的关键。

（四）支柱绝缘子和操作绝缘子

隔离开关的支柱绝缘子是用以支撑其导电系统并使其与地绝缘的绝缘子，同时它还将支撑隔离开关的进、出引线；操作绝缘子则通过其转动将操动机构的操作力传递至与地绝缘的动触头系统，完成分合闸的操作。不同形式的隔离开关，支柱绝缘子同时也可作为操作绝缘子，既起支持作用，也起操作作用，如双柱式或三柱式隔离开关；但对于单柱式隔离开关，则要分设支柱绝缘子和操作绝缘子，各司其职。不管是支柱绝缘子还是操作绝缘子，它们既是电气元件也是机械部件。

（五）底座

隔离开关的底座是支柱和操作绝缘子的装配和固定基础，也是操动机构和机械传动系统的装配基础。隔离开关的底座可分为共底座和分离底座，分离底座中，每极的动、静触头分别装在两个底座上。

（六）操动机构和机械传动系统

隔离开关的分合闸是通过操动机构和包括操作绝缘子在内的机械传动系统来实现的，操动机构分为人力操作和动力操作两种机构，而动力操作，又可分为电动操作、气动操作或液压操作。人力或动力操作可分为直接操作和储能操作，储能操作一般是使用弹簧，可以是手动储能，也可以是电动机储能，或者是用压缩介质储能。在机械传动系统中，还包括隔离开关和接地开关之间的防止误操作的机构联锁装置，以及机械连接的分合闸位置指示器。

二、接地开关

接地开关是专门用来将已经停电的线路、母线或其他一次设备进行安全接地的机械开关，它的结构与隔离开关基本相同，但是它不承载负荷电流，在某些情况下，它需具有关合短路的能力或者切合感应电流的能力，它必须具有承受短时额定短路电流的能力。在绝大多数情况下，接地开关均配装在隔离开关的一侧或者两侧，但是它也可以单独使用在母线上。

第二节　隔离开关和接地开关导电系统、
操动机构和机械传动系统

一、导电系统

虽然高压交流隔离开关的主要作用是在分闸状态下起隔离作用，但是在实际运行中，隔离开关实际上长期处于合闸状态下的运行位置。因此，高压交流隔离开关导电系统的运行可靠性对于电网的安全运行是非常重要的技术性能，它必须能够长期承受工作电流，直至额定电流，而不发生超过允许温升的过热现象，同时在系统发生短路故障时能够承受短时短路电流的作用，直至额定短时耐受电流和额定峰值耐受电流的作用，而不会发生导电回路过热、触头熔焊或者自行打开。隔离开关的导电系统主要包括接线端子或接线座、导电杆、动触头、静触头等，导电系统的关键部位是动、静触头之间的结合，以及接线座和导电杆、导电杆与导电杆、导电杆与触头之间的连接。静触头目前从结构形式上分为两种，一种是自力型触指，它由特殊的铬锆铜合金制成，具有良好的弹性，靠触指自身的弹性与动触头保持稳定的接触压力；另一种是常用的触指加触指弹簧组成的触指装配，接触压力完全由触指弹簧的力矩特性所决定，在设计此种结构的触头时必须注意两点，其一要防止触指弹簧锈蚀，其二是要防止电流通过触指弹簧分流使弹簧长期通过电流。为此应采用两种措施：其一是触指弹簧应采用不锈钢材质的弹簧；其二是应使触指弹簧与触指绝缘，同时触头应尽量采取保护措施，如加装触头罩，防止触头进水及脏污。动、静触头之间的结合除应确保长期运行不致过热外，还必须确保在短路电流的短时作用下不发生触头间的熔焊，并且在电动力的作用下或其他外力偶然作用下不会自行分闸，即应具有在合闸状态下的自锁功能。动触头采用插入式或者采用翻转式都是为了保证动、静触头之间的可靠接触和通流能力。

活动部位的连接是确保导电系统可靠运行的重要环节。旋转式操作绝缘子的接线座和导电杆之间的转动连接是 GW4 和 GW5 等双柱水平旋转式隔离开关的关键，而 GW16、GW17 等单臂或双臂折叠式隔离开关上、下导电杆之间的活动连接则是此类开关的关键连接。转动或者活动导电连接目前大致有两种：一种是采用滚动连接，如采用镀银铜滚珠轴承或滚柱接触盘、多点弹簧触子等；另一种是采用软铜导电带的软连接。两种过渡连接各有特色，但是相比之下，长期运行经验证明，采用较为简单的软连接更受运行部门的欢迎，当然最好是在滚动连接的结构上再加装软连接。确保隔离开关导电系统的通流性能是确保其运行可靠性的关键，隔离开关在设计时，必须要考虑由于环境影响以及分合电流操作而给导电系统，尤其是触头系统和活动部位，所带来的烧损、氧化、脏污、锈蚀等不利因素，应当有一定的设计裕度，以确保其运行可靠性。

二、操动机构和机械传动系统

高压交流隔离开关和接地开关的机械动作可靠性取决于操动机构及其机械传动系统的设计和制造质量，尤其是转动轴承和传动部件连接部分的设计、加工工艺、装配质量和材质选择。

高压交流隔离开关和接地开关的操动机构除 GIS 中采用的快速分合闸操动机构外，敞开式设备一般都采用电动机电动操动机构，电动操动机构的输出部分由电动机、减速装置和输出轴组成，电动机的功率、减速装置的结构和输出轴转角根据产品的结构形式和传动系统的设计而定。目前隔离开关操动机构所使用的减速装置一般采用齿轮减速加蜗杆蜗轮或齿轮减速加丝杠和丝杠螺母的三级减速，最后由蜗轮或丝杠拨叉带动输出轴转动，输出轴转动角度取决于主刀闸或接地刀闸分合闸角度的需要。图 2-1 和图 2-2 分别为 CJ2-XG 型、CJ6 型电动操动机构的外形示意图和结构原理图，图 2-3 所示为 CJ7A 型电动操动机构减速器装配图。

高压交流隔离开关和接地开关操动机构的输出轴是带动分合闸的动力源，操动机构箱和输出轴均置于隔离开关底座的下方。输出轴通过无极调节摩擦盘和垂直传动连杆与底座上操作绝缘子或转动绝缘子的水平传动连杆相连，从而带动装在轴承座上的绝缘子转动，使隔离开关分闸或者合闸。与此同时，主旋转绝缘子的连板通过万向轴承及自润滑干式轴承与极间和同极瓷柱间的旋转绝缘子的连板相连，从而带动柱间和其他二极的绝缘子旋转。隔离开关能否可靠分、合闸取决于操动机构与机械传动系统的轴承、转动轴、旋转绝缘子、传动连板和连杆之间的连接，尤其是轴承的密封和润滑、传动连杆之间的连接部件的结构及其润滑。图 2-4（a）～（d）分别为防止通过输出轴向机构箱漏水的箱盖密封结构图、可以任意调节输出转角的摩擦连接法兰盘、带有自润滑的传动连杆连接轴承和全密封型转动绝缘子轴承座。这些部件可以使得隔离开关的操动机构和机械传动系统更加灵活、可靠。

高压交流隔离开关和接地开关

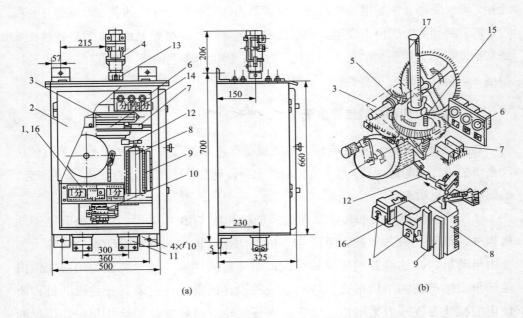

(a)　　　　　　　　　　　　　(b)

图 2-1　CJ2-XG 型电动操动机构

（a）外形示意图；（b）结构原理图

1—分、合闸接触器；2—机构箱；3—减速箱；4—抱夹（连接器）；5—限位块；6—分、合闸操作按钮；
7—分、合闸限位开关；8—辅助开关；9—端子排；10—三相隔离开关；11—出线盒；12—拐臂连杆；
13—分、合闸指示牌；14—弹性压片；15—挡钉；16—热继电器；17—机构主轴

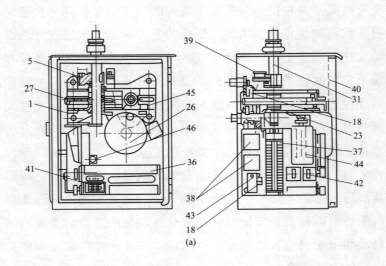

(a)

图 2-2　CJ6 型电动操动机构（一）

（a）外形示意图

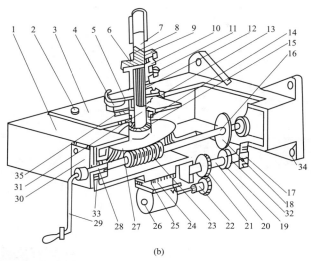

(b)

图 2-2　CJ6 型电动操动机构（二）

（b）结构原理图

1—减速箱；2—螺栓垫圈；3—盖板；4—弹片；5—限位块；6—上法兰；7—垂直连杆；8—摩擦盘轴；
9—螺栓螺母带垫；10—下法兰；11—定位螺栓；12—平键；13—定位螺钉；14—铜套；15、25—调整垫片；
16—平键；17、28—滚动轴承；18—二级被动齿轮；19—二级主动齿轮；20—中间轴装配；21—一级被动齿轮；
22—一级主动齿轮；23—蜗杆；24—螺杆；26—电动机；27—蜗轮；29—手柄；30—轴承压盖；31—主轴；32—衬套；
33—垫片；34—螺孔；35—触动开关；36—接线端子板；37—辅助开关；38—分、合闸接触器；39—行程开关；
40—箱体；41—分、合闸按钮；42—组合开关；43—热继电器；44—隔离开关；45—照明灯座；46—加热器

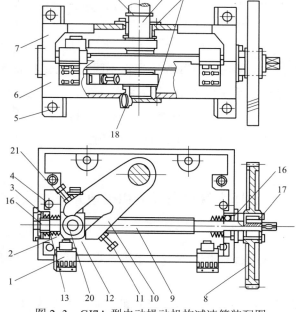

图 2-3　CJ7A 型电动操动机构减速箱装配图

1—位置开关；2—蝶型弹簧；3—轴承；4—连接螺栓；5—安装孔（ϕ17mm）；6—下减速箱；7—上减速箱；
8—大齿轮；9—丝杠；10—叉杆焊接；11—限位螺栓；12—丝杠螺母；13—调整垫片；14—机构输出轴；
15、16、17—端盖；18—复合轴套；19—辅助开关拐臂；20—滚轮；21—油杯

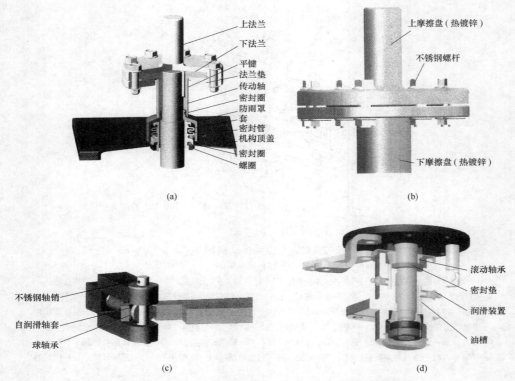

图 2-4　隔离开关操动机构与机械传动系统连接关系

（a）防水机构箱—输出轴密封结构；（b）无级角度调节摩擦盘；（c）带有自润滑的传动杆连接轴承；
（d）密封型绝缘子转动轴承座

与断路器的机械传动系统为直线高速运行不同，高压交流隔离开关和接地开关的操动机构及其机械传动系统直至动、静触头的分合，基本上都是通过慢速的旋转运动来实现的，因此保持机械传动系统各旋转部件及其传动部件之间转动连接的灵活性是隔离开关和接地开关机械动作可靠性的关键。

第三节　高压交流隔离开关和接地开关的技术参数

高压交流隔离开关和接地开关的技术参数是表征其性能的重要数据，不同的结构形式有不同的特征参数。

高压交流隔离开关和接地开关的额定值和相关技术参数如下：

（1）额定电压（U_r）；

（2）额定绝缘水平；

（3）额定频率（f_r）；

（4）额定电流（I_r）（仅对隔离开关）；

（5）额定峰值耐受电流（I_p）；

（6）额定短时耐受电流（I_k）；

（7）额定短路持续时间（t_k）；

（8）额定短路关合电流（仅对具有关合能力的接地开关）；

（9）额定端子静态和动态机械负荷及其安全系数；

（10）绝缘子的爬电比距、爬电距离、污秽等级、干弧距离和伞型；

（11）支柱绝缘子和操作绝缘子的抗弯强度和抗扭强度、并联绝缘之间的最小距离；

（12）额定接触区（仅对单柱式隔离开关或接地开关）；

（13）隔离开关开合母线转换电流的额定值；

（14）隔离开关开合小电容电流的额定值（仅对 126kV 及以上空气绝缘隔离开关）；

（15）隔离开关开合小电感电流的额定值（仅对 126kV 及以上隔离开关）；

（16）隔离开关开合母线充电电流的额定值（仅对 72.5kV 及以上气体绝缘金属封闭开关设备中的隔离开关）；

（17）机械寿命的类型和操作循环的次数；

（18）接地开关电寿命的等级和次数；

（19）严重冰冻条件下的覆冰厚度和操作性能；

（20）接地开关开合感应电流的额定电流和额定电压；

（21）操动机构的类型、额定电源电压或额定压力源压力；

（22）绝缘用气体的额定充入水平；

（23）外壳的防护等级。

现将主要技术参数做一简单说明。

一、额定电压

额定电压是指高压交流隔离开关和接地开关所在系统的最高电压。通常情况下，电网的电压是在系统标称电压下运行，但在实际运行中，电网的电压允许在一定范围内波动。因此，高压交流隔离开关和接地开关的设计和试验应按其额定电压，即系统的最高运行电压进行设计和试验，额定绝缘水平和各种开合试验的相关参数均以其额定电压为基础。按我国国家标准，高压交流隔离开关和接地开关的额定电压与系统标称电压的对应关系如表 2-1 所示。

表 2-1　　高压交流隔离开关和接地开关的额定电压和系统标称电压的对应关系

标称电压 （kV）	3	6	10	15	20	35	63	110	154	220	330	500	750	1000
额定电压 （kV）	3.6	7.2	12	18	24	40.5	72.5	126	177	252	363	550	800	1100

二、额定频率

IEC 额定频率的标准值为 $16\frac{2}{3}$、25、50、60Hz，国家标准额定频率的标准值为 $16\frac{2}{3}$、25、50Hz，我国电力系统额定频率为 50Hz。

三、额定电流和温升

额定电流是指高压交流隔离开关在额定频率下，在规定的使用和性能条件下，能长期通过而任何部分的温升不超过长期工作时最大容许温升的最大标称电流的有效值。我国国家标准规定的高压交流隔离开关额定电流等级是按 R10 系列选取的。所谓 R10 系列包括比值为 $10^{1/10}$ 递增的级数及其与 10^n 的乘积，如表 2-2 所示。

表 2-2　　　　　　　　　额 定 电 流 等 级

额定电流等级（A）									
1	1.25	1.6	2	2.5	3.15	4	5	6.3	8
10	12.5	16	20	25	31.5	40	50	63	80
100	125	160	200	250	315	400	500	630	800
1000	1250	1600	2000	2500	3150	4000	5000	6300	8000
…	…	…	…	…	…	…	…	…	…

R10 系列是所有高压电器设备选取额定电流的基本依据，实际上，由于每一类高压电器工作情况的不同，它们具体采用的额定电流等级也不一样，而且有的也并不完全按照 R10 系列数字，例如，高压电流互感器的额定电流通常有 1500、3000A 等系列。我国国家标准规定额定电流的数值为 400、630、800、1250、1600、2000、2500、3150、4000、5000、6300、8000A。

额定电流的大小取决于高压断路器主导电回路导体、触头以及接线端子的材料、尺寸和结构。

温升是指当高压交流隔离开关通过电流时各部位的温度与周围空气温度的差值。高压交流隔离开关在工作时由于发热可能会引起各种部件、材料和绝缘介质的温度升高，温度过高可能会使部件、材料和绝缘介质的物理和化学性能发生变化，从而引起机械性能和电气性能的下降，也可能会导致故障。为了保证高压交流隔离开关在使用寿命内可靠工作，必须将各种部件、材料和绝缘介质的温度和温升限制在一定范围内，这个温度就是最大允许温度和温升。高压交流隔离开关的各种部件、材料和绝缘介质在长期工作时的最大允许温度和环境温度不超过+40℃时的允许温升见表 2–3。

表 2–3　　　　高压交流隔离开关在长期工作时的最大允许温度和允许温升

部件、材料和绝缘介质的类别 （见说明 1、2、3 和 5）	最大允许温度 （℃）	周围空气温度不超过+40℃时的允许温升 （K）
1. 触头（见说明 4） 裸铜或裸铜合金		
——在空气中	75	35
——在 SF₆（六氟化硫）中（见说明 5）	105	65
——在油中	80	40
镀银或镀镍（见说明 6）		
——在空气中	105	65
——在 SF₆ 中（见说明 5）	105	65
——在油中	90	50
镀锡（见说明 6）		
——在空气中	90	50
——在 SF₆ 中（见说明 5）	90	50
——在油中	90	50
2. 用螺栓的或与其等效的连接（见说明 4） 裸铜、裸铜合金或裸铝合金		
——在空气中	90	50
——在 SF₆ 中（见说明 5）	115	75
——在油中	100	60
镀银或镀镍		
——在空气中	115	75
——在 SF₆ 中（见说明 5）	115	75
——在油中	100	60
镀锡		
——在空气中	105	65
——在 SF₆ 中（见说明 5）	105	65
——在油中	100	60
3. 其他裸金属制成的或其他镀层的触头或连接	（见说明 7）	（见说明 7）
4. 用螺栓或螺钉与外部导体连接的端子（见说明 8）		
——裸的	90	50
——镀银、镀镍或镀锡	105	65
——其他镀层	（见说明 7）	（见说明 7）
5. 油断路器装置用油（见说明 9 和 10）	90	50

续表

部件、材料和绝缘介质的类别 (见说明1、2、3和5)	最大允许温度 (℃)	周围空气温度不超过+40℃时的允许温升 (K)
6. 用作弹簧的金属零件	(见说明11)	(见说明11)
7. 绝缘材料以及与下列等级的绝缘材料接触的金属部件(见说明12)		
——Y	90	50
——A	105	65
——E	120	80
——B	130	90
——F	155	115
——瓷漆：油基	100	60
合成	120	80
——H	180	140
——C 其他绝缘材料	(见说明13)	(见说明13)
8. 除触头外，与油接触的任何金属或绝缘件	100	60
9. 可触及的部件		
——在正常操作中可触及的	70	30
——在正常操作中不需触及的	80	40

说明1：按其功能，同一部件可能属于表2-3中的几种类别，在这种情况下，允许的最高温度和温升值是相关类别中的最低值。

说明2：对于真空开关装置，温度和温升的极限值不适用于处在真空中的部件，其余部件不应超过表2-3给出的温度和温升值。

说明3：应注意保证周围的绝缘材料不受损坏。

说明4：当接合的部件具有不同的镀层或一个部件是裸露的材料时，允许的温度和温升应为：

(1) 对于触头为表2-3项1中最低允许值的表面材料的值；

(2) 对于连接为表2-3项2中最高允许值的表面材料的值。

说明5：SF_6是指纯SF_6或纯SF_6与其他无氧气体的混合物。

注1：由于不存在氧气，把SF_6开关设备中各种触头和连接的温度极限加以协调是合适的。在SF_6环境下，裸铜或裸铜合金零件的允许温度极限可以和镀银或镀镍的零件相同。对于镀锡零件，由于摩擦腐蚀效应，即使在SF_6无氧的条件下，提高其允许温度也是不合适的，因此对镀锡零件仍取在空气中的值。

注2：裸铜和镀银触头在SF_6中的温升正在考虑中。

说明6：按照设备的有关技术条件：

(1) 在关合和开断试验后(如果有的话)；

(2) 在短时耐受电流试验后；

(3) 在机械寿命试验后。

有镀层的触头在接触区应该有连续的镀层，否则触头应被视为"裸露"的。

说明7：当使用的材料在表2-3中没有列出时，应该研究它们的性能，以便确定其最高允许温升。

说明8：即使和端子连接的是裸导体，其温度和温升值仍有效。

说明9：在油的上层的温度和温升。

说明10：如果使用低闪点的油，应特别注意油的汽化和氧化。

说明11：温度不应达到使材料弹性受损的数值。

说明12：绝缘材料的分级见GB/T 11021—2014《电气绝缘　耐热性和表示方法》。

说明13：仅以不损害周围的零部件为限。

温升试验是考核隔离开关载流能力的重要手段。中国国家标准规定：试验应在户内，周围空气温度（试验期间的最后 3h 内，每隔 1h 所测得最后 3 次温度的算术平均值）不低于+10℃及不高于+40℃，且周围空气流速不超过 0.5m/s，海拔不超过 1000m 的情况下进行，周围空气温度在+10～+40℃时，不进行温升值的修正。海拔升高，引起气压下降，使散热条件恶化，反之，海拔降低将改善散热条件。因此，必须考虑海拔变化引起高压交流隔离开关温升的变化。当高压交流隔离开关的使用地点的海拔高度超过 1000m 时，应对试验结果按下列公式进行修正。

$$t=t_0[1+0.03(H_2-H_1)]$$

式中 t_0——试验实测温升，K；

       t——修正后的试验结果，K；

    H_1——试验地点的海拔，km；

    H_2——使用地点的海拔，km。

温升试验在上述规定的条件下进行时，试验电流值在各国的标准中规定也不尽相同，我国电力行业标准规定为 1.1 倍额定电流，中国国家标准和 IEC 标准为 1.0 倍额定电流。试验电流的频率为 50Hz 或 60Hz，当额定频率为 50Hz 的高压断路器在 60Hz 的电流下试验时，其试验结果对于额定电流相同的 50Hz 的同一产品有效。反之，当 50Hz 的试验结果不超过温升最大允许值的 95% 时，则认为满足 60Hz 下的温升试验要求。

四、额定绝缘水平

高压交流隔离开关和接地开关的额定绝缘水平见表 2-4 和表 2-5，表中的耐受电压值适用于标准中规定的标准参考大气（温度、湿度、压力）条件，对于特殊使用条件应进行数值修正。

表 2-4   额定电压 252kV 及以下的额定绝缘水平

额定电压 U_r（kV，有效值）	额定工频短时耐受电压 U_d（kV，有效值）		额定雷电冲击耐受电压 U_p（kV，峰值）	
	通用值	隔离断口	通用值	隔离断口
（1）	（2）	（3）	（4）	（5）
3.6	25/18	27/20	40/20	46/23
7.2	30/23	34/27	60/40	70/46
12	42/30	48/36	75/60	85/70
24	65/50	79/64	125/95	145/115
40.5	95/80	118/103	185/170	215/200
72.5	160	200	350	410

续表

额定电压 U_r （kV，有效值）	额定工频短时耐受电压 U_d（kV，有效值）		额定雷电冲击耐受电压 U_p（kV，峰值）	
	通用值	隔离断口	通用值	隔离断口
126	230	230（+70）	550	550（+100）
252	460	460（+145）	1050	1050（+200）

注 1. 根据我国电力系统的实际，本表中的额定绝缘水平与 IEC 62271-1 表 1a 的额定绝缘水平不完全相同。

2. 本表中项（2）和项（4）的数值取自 GB 311.1—2012《绝缘配合 第 1 部分：定义、原则和规则》，斜线后的数值为中性点接地系统使用的数值。

3. 126kV 和 252kV 项（3）中括号内的数值为 $1.0U_r/\sqrt{3}$，是加在对侧端子上的工频电压有效值；项（5）中括号内的数值为 $1.0U_r\sqrt{\frac{2}{3}}$，是加在对侧端子上的工频电压峰值。

4. 隔离断口是指隔离开关、负荷——隔离开关的断口以及起联络作用或作为热备用的负荷开关和断路器的断口。

表 2–5　　　　　　　　　　额定电压 363kV 及以上的额定绝缘水平

额定电压 U_r （kV,有效值）	额定短时工频耐受电压 U_d （kV，有效值）		额定操作冲击耐受电压 U_s （kV，峰值）			额定雷电冲击耐受电压 U_p （kV，峰值）	
	相对地及相间	断口	相对地	相间	断口	相对地及相间	断口
（1）	（2）	（3）	（4）	（5）	（6）	（7）	（8）
363	510	510 （+210）	950	1425	850 （+295）	1175	1175 （+295）
550	740	740 （+315）	1300	1950	1175 （+450）	1675	1675 （+450）
800	960	960 （+460）	1550	2480	1425 （+650）	2100	2100 （+650）
1100	1100	1100 （+635）	1800	2700	1675 （+900）	2400	2400 （+900）

注 1. 根据我国电力系统的实际，本表中的额定绝缘水平与 IEC 62271-1 表 2a 的额定绝缘水平不完全相同。

2. 本表中项（2）、项（4）、项（5）、项（6）和项（7）根据 GB 311.1 的数值提出。

3. 本表中项（3）括号内的数值为 $1.0U_r/\sqrt{3}$，是加在对侧端子上的工频电压有效值；项（6）括号内的数值为 $1.0U_r\sqrt{\frac{2}{3}}$，是加在对侧端子上的工频电压峰值；项（8）括号内的数值为 $1.0U_r\sqrt{\frac{2}{3}}$，是加在对侧端子上的工频电压峰值。

4. 本表中 1100kV 的数值是根据我国电力系统的需要而选定的数值。

五、额定短时耐受电流和额定短路持续时间

额定短时耐受电流是指在规定的短时间内，高压交流隔离开关和接地开关在合闸位置能够承载的电流的有效值，这一技术参数主要反映隔离开关和接地开关承载短路电流热效应的能力。在通过此电流后，高压交流隔离开关和接地开关应能继续

正常工作，触头不得打开也不得熔焊。

额定短时耐受电流的标准值应当从 R10 系列中选取，通常规定数值为 6.3、8、10、12.5、16、20、25、31.5、40、50、63、80、100kA。

规定的时间是指额定短路持续时间，又称额定热稳定时间，即高压交流隔离开关和接地开关在合闸位置时能够承载额定短时耐受电流的时间。在进行三相或单相短时耐受电流试验时，如不能在额定短路持续时间内达到规定的电流，则允许增加通流时间，减小电流，两者之间的换算关系如下：

$$I_k^2 t_k = I_{k0}^2 t_{k0}$$

式中　I_{k0} ——试验短时耐受电流，kA；

　　　t_{k0} ——试验实测通流时间，s；

　　　I_k ——额定短时耐受电流，kA；

　　　t_k ——额定短路持续时间，s。

我国国家标准规定，通流时间 t_{k0} 不得大于 5s。按照电力行业标准 DL/T 593—2006《高压开关设备和控制设备标准的共用技术要求》的规定，不同电压等级的额定短路持续时间要求如表 2–6 所示。

表 2–6　　　　　　　　　　　额定短路持续时间的要求

额定电压	363kV 及以下	550～1100kV
国家标准	2s（如需要，可选用 3s 或 4s）	2s（如需要，可选用 3s 或 4s）
电力行业标准	3s	2s

六、额定峰值耐受电流

额定峰值耐受电流是指在规定的使用和性能条件下，高压交流隔离开关和接地开关在合闸位置能够承载的额定短时耐受电流第一个大半波的电流峰值，这一技术参数主要反映断路器承受短路电流所产生的电动力的能力。在通过此电流后，高压交流隔离开关和接地开关应能继续正常工作，触头部分不得分开和熔焊。额定峰值耐受电流规定数值为 16、20、25、31.5、40、50、63、80、100、125、160、200、250kA。

额定峰值耐受电流等于额定短路关合电流值。额定峰值耐受电流应根据系统特性所决定的时间常数来确定，大多数系统的直流时间常数为 45ms；额定频率为 50Hz及以下时，所对应的峰值耐受电流为 2.5 倍额定短时耐受电流；额定频率为 60Hz时，为 2.6 倍额定短时耐受电流。在某些使用条件下，系统特性决定的直流时间常数可能比 45ms 大，对于特殊系统，时间常数一般为 60、75、100ms 和 120ms，额定峰值耐受电流最大选用 2.7 倍额定短时耐受电流。

七、额定短路关合电流

高压接地开关的短路关合电流是指具有短路关合能力的接地开关能够关合的短路电流值，该电流可以是任一电流直至额定短路关合电流，额定短路关合电流应等于额定峰值耐受电流。高压交流隔离开关和接地开关国家标准 GB 1985—2014《高压交流隔离开关和接地开关》中规定：对于额定频率为 50Hz 且时间常数标准值为 45ms，额定短路关合电流等于额定短路开断电流交流分量有效值的 2.5 倍；对于所有特殊工况的时间常数，如 60、75、100、120ms 等，额定短路关合电流等于额定短路开断电流交流分量有效值的 2.7 倍。

不同级别的短路开合能力的接地开关，允许的关合次数不同，E1 级为 2 次，E2 级为 5 次。

八、额定端子机械负荷

高压交流隔离开关和接地开关的额定端子机械负荷分为静态机械负荷和动态机械负荷。静态机械负荷是永久作用在端子上的机械拉力，而动态机械负荷则是在短时间内作用在端子上的机械拉力。端子允许承受的最大静态机械负荷和动态机械负荷为它们的额定端子静态机械负荷和额定端子动态机械负荷，电力行业标准 DL/T 486—2010《高压交流隔离开关和接地开关》规定了额定端子静态机械负荷，如表 2-7 所示。

表 2-7　　　　　　　　　　　　额定端子静态机械负荷

额定电压（kV）	额定电流（A）	双柱式和三柱式隔离开关		单柱式隔离开关		垂直力 F_c（N）
		水平纵向负荷 F_{a1} 和 F_{a2}（N）	水平横向负荷 F_{b1} 和 F_{b2}（N）	水平纵向负荷 F_{a1} 和 F_{a2}（N）	水平横向负荷 F_{b1} 和 F_{b2}（N）	
12～24		500	250			300
40.5～72.5	≤2500	800	500	800	500	750
	>2500	1000	750	1000	750	750
126	≤2500	1000	750	1000	750	1000
	>2500	1250	750	1250	750	1000
252	≤2500	1250	750	1500	1000	1000
	>2500	1500	1000	2000	1500	1250
363	≤4000	2000	1500	2500	2000	1500

续表

额定电压 （kV）	额定电流 （A）	双柱式和三柱式隔离开关		单柱式隔离开关		垂直力 F_c （N）
		水平纵向负荷 F_{a1} 和 F_{a2} （N）	水平横向负荷 F_{b1} 和 F_{b2} （N）	水平纵向负荷 F_{a1} 和 F_{a2} （N）	水平横向负荷 F_{b1} 和 F_{b2} （N）	
550	≤4000	3000	2000	4000	2000	2000
800	≤4000	3000	2000	4000	3000	2000
1100	≤4000	4000	3000	4000	3000	3000
	>4000	5000	4000	5000	4000	5000

　　高压交流隔离开关和接地开关端子上能承受的机械负荷额定值取决于它的设计、所用的绝缘子抗弯强度和端子连接板的机械强度。不同的结构设计、不同的额定电流值、不同连接线、不同的使用地点，所要求的端子负荷可能不同，但不应超过标准中规定的数值，否则应采取其他措施降低端子拉力，例如，连接线较长的变电站中间应增加支持绝缘子。

　　高压交流隔离开关和接地开关端子的额定机械负荷一般均比高压断路器要求的端子额定机械负荷高，这是因为相连设备到隔离开关的连接线比隔离开关到断路器的连接线远。

　　高压交流隔离开关和接地开关所用绝缘子和绝缘子支柱的抗弯强度应等于或大于 2.7 倍额定端子静态机械负荷和 1.7 倍额定端子动态机械负荷，即静态安全系数应不小于 2.7，动态安全系数不小于 1.7。

九、额定接触区

　　额定接触区是指静触头悬挂在母线上的单柱式隔离开关或接地开关，当静触头在一定的活动范围内时，能够可靠分合闸。标准中规定了静触头由悬挂式母线和支撑式母线支撑时的额定接触区，如表 2-8 和表 2-9 所示。

表 2-8　　　　　　　　　静触头由悬挂式母线支撑时推荐的接触区

额定电压 U_r （kV）	x （mm）	y （mm）	z_1 （mm）	z_2 （mm）
72.5	100	300	200	300
126	100	350	200	300
252	200	500	250	450
363	200	500	300	450
550	200	600	400	500

注　1. x 为支撑导线纵向位移的总幅度（温度的影响）；y 为水平横向总偏移（与支撑导线垂直方向的偏移，风的影响）；z 为垂直偏移（温度和冰的影响）。
　　2. 静触头由软导线固定时，z_1 值适用于短跨距，z_2 值适用于长跨距。

额定电压 U_r（kV）	x（mm）	y（mm）	z（mm）
72.5、126	100	100	125
252、363	150	150	150
550	175	175	175

表 2–9   静触头由支撑式母线支撑时推荐的接触区

注 x 为支撑导线纵向位移的总幅度（温度的影响）；y 为水平横向总偏移（与支撑导线垂直方向的偏移，风的影响）；z 为垂直偏移。

为了满足单柱式隔离开关或接地开关对接触区的要求，在确定变电站的设计和绝缘子支架的强度时，应考虑运行条件，确保静触头在规定的限值内。运行部门应核实由作用在与工作母线垂直连接的其他元件上的风力和由设备位移而产生的纵向偏移和横向偏移，以及由悬挂在母线上的其他垂直负荷和与母线连接的其他设备的操作所施加的操作负荷而产生的垂直偏离，这些偏离应在生产厂家规定的范围内。

十、隔离开关开合母线充电电流的额定值

高压交流隔离开关开合母线充电电流是对额定电压 72.5kV 及以上气体绝缘金属封闭隔离开关的要求，关键是考核开合小的容性电流的性能，尤其是对 363kV 及以上的气体绝缘隔离开关，由于在开合操作时可能产生特高频过电压（VFTO），可能会危及变压器和 GIS 设备的绝缘而发生对地的破坏性放电，因此正确的设计对避免产生绝缘故障至关重要。而敞开式隔离开关开合小的电容电流则要比气体绝缘隔离开关简单得多。标准规定，对于 126kV 及以上空气绝缘隔离开关、开合小电容电流为 2A；对于气体绝缘隔离开关，小电容电流如下：363kV 及以上为 2A，252kV 为 1A，126kV 为 0.5A，72.5kV 为 0.2A。

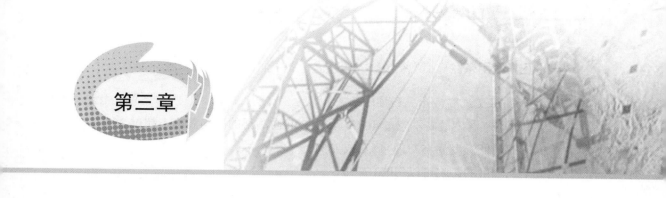

高压交流隔离开关和
接地开关的运行技术

第一节　高压交流隔离开关和接地开关的使用条件

　　高压交流隔离开关和接地开关的使用条件是指其安装地点的环境条件，分为户内环境条件和户外环境条件。户内环境条件可通过人为因素对某些条件进行改善，如温度、湿度和污秽等，而户外环境条件是人为因素无法控制的，因为它是大自然实际存在的自然现象。地球上不同地域的环境条件和气候条件多种多样、千差万别，任何一种高压交流隔离开关和接地开关都不可能适用于所有的环境条件，因此需要制定一个可以涵盖大多数地域的环境条件和气候条件的使用条件，将其作为各生产厂家进行产品设计和试验的依据，这个大家公认的使用条件就是标准中的"正常使用条件"。如果使用条件超出了"正常使用条件"的范围，应该列为"特殊使用条件"，用户应该按照标准中"特殊使用条件"的规定提出相应要求，生产厂家应该根据用户的要求，按照"特殊使用条件"的规定进行产品设计和试验。

　　除非提出特殊要求，高压交流隔离开关和接地开关一般是按正常使用条件进行设计、试验和制造的，它应在其规定的额定特性和下述列出的正常使用条件下使用。如果使用条件和正常使条件不同，生产厂家应尽可能按用户提出的特殊要求设计产品。

一、正常使用条件

1. 户内高压交流隔离开关和接地开关

（1）周围空气温度最高不超过 40℃，且在 24h 内测得的平均温度不超过 35℃。周围空气最低温度为−5℃或−15℃或−25℃。

（2）阳光辐射的影响可以忽略。

（3）海拔不超过 1000m。

（4）周围空气没有明显地受到尘埃、烟、腐蚀性和/或可燃性气体、蒸汽或盐雾的污染，外绝缘的爬电比距应不小 18mm/kV（瓷绝缘子）、20mm/kV（有机绝缘子）。

（5）湿度条件如下：

1）在 24h 内测得的相对湿度的平均值不超过 95%；

2）在 24h 内测得的水蒸气压力的平均值不超过 2.2kPa；

3）月相对湿度平均值不超过 90%；

4）月水蒸气压力平均值不超过 1.8kPa。

在这样的湿度条件下有时会出现凝露。

（6）来自高压交流隔离开关和接地开关外部的振动或地动可以忽略，如果用户没有提出特殊要求，生产厂家可以不考虑。

2. 户外高压交流隔离开关和接地开关

（1）周围空气温度最高不超过 40℃，且 24h 内测得的平均温度不超过 35℃。周围空气最低温度为−10 或−25 或−30 或−40℃。

应考虑温度的急骤变化。

（2）应考虑阳光辐射的影响，晴天中午辐射强度为 1000W/m²。

（3）海拔不超过 1000m。

（4）周围空气可能受到尘埃、烟、腐蚀性汽体、蒸汽或盐雾的污染，污秽等级不超过 Ⅲ 级。

（5）覆冰厚度为 1、10、20mm。

（6）风速不超过 34m/s（相应于圆柱表面上的 700Pa）。

（7）应考虑凝露和降水的影响。

（8）来自高压交流隔离开关和接地开关外部的振动或地动可以忽略，如果用户没有提出特殊要求，生产厂家可以不考虑。

二、特殊使用条件

高压交流隔离开关和接地开关可以在不同于上述规定的正常使用条件下使用，

此时用户应该按照下述要求提出特殊使用条件要求。

1. 海拔

对于安装在海拔高于 1000m 处的高压交流隔离开关和接地开关，外绝缘在使用地点的绝缘耐受水平应为额定绝缘水平乘以按照图 3-1 确定的海拔修正系数 K_a。

2. 污秽

对于使用在严重污秽空气中的高压交流隔离开关和接地开关，污秽等级应规定为Ⅳ级。

3. 温度和湿度

对于使用在周围空气温度超出正常使用条件中规定的温度范围时，应优先选用的最低和最高温度的范围规定如下：

（1）对严寒气候为−50～+40℃。

（2）对酷热气候为−5～+55℃。

在暖湿风频繁出现的某些地区，湿度的骤变会导致凝露，甚至在户内也会凝露。在湿热带的户内，在 24h 内测得的相对湿度的平均值可能达到 98%。

4. 振动、撞击或摇摆

标准的高压交流隔离开关和接地开关设计安装在牢固的底座或支架上，可以免受过度的振动、撞击或摇摆。如果运行地点存在这些异常条件，用户应提出特殊的使用要求。

如果运行地点处于可能出现地震的地带，用户应根据 GB/T 13540—2009《高压开关设备和控制设备的抗震要求》的规定提出设备的抗震水平。

5. 风速

在某些地区风速可能为 40m/s。

6. 覆冰

超过 20mm 的覆冰由用户和生产厂家协商。

7. 其他条件

高压交流隔离开关和接地开关在其他特殊使用条件下使用时，用户应参照 GB/T 4796—2008《电工电子产品环境条件分类　第 1 部分：环境参数及其严酷程度》的规定提出其环境参数。

三、确定使用条件的原则

使用条件是高压交流隔离开关和接地开关设计、试验和选用的基础。产品设计首先应该考虑它能够适用于什么样的气候条件和大气条件，这些环境条件会给产品的技术性能带来什么影响，应该采取什么技术措施来适应环境条件的影响，最后要经过试验来验证其效果。用户在选用高压交流隔离开关和接地开关时，首先应该确定安装地点的使用条件，是户内还是户外，是否有超出正常使用条件的特殊使用条件，以及安装地点的环境条件可能对产品的技术性能造成什么影响；然后确定选择什么样的产品能够满足安装地点的环境条件。一台现代高压交流隔离开关和接地开关应该设计得具有广泛的环境适应性，尽可能满足各种不同的使用条件，必要时采取特别的技术措施，满足某些特殊使用条件的要求。为了保证高压交流隔离开关和接地开关的运行可靠性，使用部门也应尽可能为产品的运行提供良好的环境条件，在条件允许的情况下，采取一些辅助措施改善环境条件，如改户外为户内、加设遮阳顶盖、强迫通风、降低负荷电流、加装空调器和吸湿器降低户内的环境温度、湿度和污秽等。总之，高压交流隔离开关和接地开关的设计和选用应该适应使用条件的要求。

1. 周围空气温度的确定

户内或户外高压交流隔离开关和接地开关的周围空气温度是指运行设备周围的空气温度平均值，它不同于气象部门在百叶箱内测得的环境温度。对于在户外运行的高压交流隔离开关，周围空气温度将会对设备的技术性能带来不可忽视的影响。不同的地域、不同的季节、不同的气候条件和环境，会使运行中高压交流隔离开关和接地开关周围空气温度发生不同的变化，对设备也会产生不同的影响。盛夏，正午骄阳似火，对于太阳直射运行中的隔离开关和接地开关，太阳的直射、水泥地面热量的反射、周围运行设备的热辐射，将会大大提高运行现场的空气温度，它可能要比气象部门预报的最高温度高出 10、20℃或更高，此时高压交流隔离开关非常容易过热。严冬，寒流袭来，气温骤降，寒风刺骨，也许是风雪交加，运行现场的空气温度又要比气象部门预报的最低温度还要低，低温将对高压交流隔离开关的多种技术性能造成影响。对于户内运行的高压交流隔离开关和接地开关，其最高环境温度和最低环境温度要比户外好许多，但是如果不采取任何保温或降温措施，室内的空气温度也会达到很低或很高的温度，对设备的安全运行造成威胁。不管是户内还是户外，高、低温都会对高压交流隔离开关和接地开关的载流性能、机械动作特性、绝缘和开断性能、密封性能带来不利的影响，应对不当，会使高压交流隔离开关和接地开关的运行可靠性受到严重影响。运行单位应根据高压交流隔离开关和接地开关安装地域的气象资料并结合运行地点的实际环境条件，确定最高空气温度和最低空气温度，应以一定年限内所遇到的最高或最低温度为参考，如取十年一遇的环境温度为参考值。产品的设计应充分认识到最高温度和最低温度可能会对技术性能的影响，应采取相应的技术措施适应高、低温的运行工况，关键是要进行相应的高、低温试验和严重冰冻条件下的试验，验证其技术性能是否能满足高、低温的要求。

2. 海拔高度

高压交流隔离开关和接地开关的额定绝缘水平是指海拔高度不超过 1000m 时的绝缘水平。随着海拔高度的升高，大气的气压、气温和绝对湿度均会随之降低，高原气候的日温差变化大，太阳的辐射更为强烈。气压和湿度的下降会使隔离开关和接地开关的外绝缘的空气间隙的放电电压降，电晕放电起始电压降低，无线电干扰电平增加。随着海拔高度的增加，高压交流隔离开关和接地开关外绝缘的空气间隙应按标准中的规定进行修正，如图 3-1 所示，使用地点的绝缘耐受水平为额定绝缘水平乘以修正系数 K_a。应该指出，其一，内绝缘的绝缘特性不受海拔高度的影响，不需修正和采取特别措施；其二，外绝缘只需修正空气间隙的放电距离，即只对干弧距离进行修正，爬电距离不需修正，因为爬电距离由污秽等级和额定电压决定。由于干弧距离的增大而导致的爬电距离的增长是放电间隙增大的附带结果。

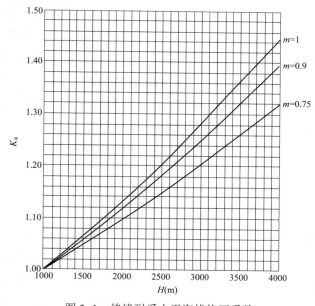

图 3-1　绝缘耐受水平海拔修正系数

绝缘耐受水平海拔修正系数可按 GB/T 311.2—2013（IEC 60071-2：1996）中 4.2.2 的规定用下式计算，对海拔高度为 1000m 及以下不需要修正：

$$K_a = e^{m(H-1000)/8150}$$

式中　H——海拔高度，m。

m——为简单起见，m 取下述的确定值：对于工频、雷电冲击和相间操作冲击电压，m=1；对于纵绝缘操作冲击电压，m=0.9；对于相对地操作冲击电压，m=0.75。

K_a——绝缘耐受水平海拔修正系数。

我国海拔超过 1000m 的地区约占总面积的 60%，而且主要集中在具有丰富的水力资源和煤炭资源的西南和西北地区，大容量水力和火力发电站及其变电站和输电线路大多建设在海拔高度 2000m 以上的地区，最高可达 4000m，青藏直流联网的换流站、疆电外送和西电东送的输变电工程很大一部分是建在高海拔地区。海拔高度的升高，除了对外绝缘的空气介电强度有影响之外（大约每升高 100m，绝缘强度需要提高 1%），还会对高压交流隔离开关和接地开关的电晕放电、无线电干扰电平、载流、密封等技术性能和充压外壳的机械强度等产生影响，应该引起使用和制造部门的充分重视。随着我国西北、西南水力、煤炭资源的大力开发，应该进一步深入研究高海拔对高压开关设备和其他电器设备的影响，尤其是对外绝缘耐电强度的影响，要保证高海拔产品的运行安全。

3. 风速

风吹在高压交流隔离开关和接地开关上会产生风压并形成机械力。风压的大小取决于风的速度、设备迎风面的几何尺寸、形状和断路器的安装高度。标准中规定的风速在正常使用条件下为 34m/s，相应于圆柱表面上的 700Pa，大约相当于 11 级的强风。根据我国气象资料统计，当按 10m 高、30 年一遇、取 10min 的平均值为 34m/s 时，可以覆盖我国绝大部分地区，只有少数沿海多台风地区可能会超过此风速。按经验公式，单位面积的风压为

$$P = \frac{v^2}{16}$$

式中　　P——风压，kg/m^2；

v——10min 的平均风速，m/s。

按上式计算，风速为 34m/s 时，单位面积上的风压为 71.25kg/m^2。按经验公式计算，风速每提高 1m/s，风压将递增 4～5kg/m^2。运行部门选择高压交流隔离开关和接地开关运行地点的风速时，既要考虑当地气象资料统计的 10min 的平均风速，也要考虑运行地点的阵风和季风的情况，如果阵风超过 34m/s，应该取更高的风速，如 40m/s。生产厂家进行产品设计时，应充分考虑风压给设备带来的机械作用力，特别是对安装高度很高的超高压和特高压交流隔离开关和接地开关，更应充分考虑风压对设备本身以及引线可能带来的机械力。高压交流隔离开关和接地开关的设计，既要保证在风速为 34m/s 的持续风压作用下能安全运行，同时也要确保在风速超过 34m/s 的阵风作用下仍能安全运行。

4. 湿度

环境湿度主要影响户内高压交流隔离开关和接地开关的绝缘性能及其对金属部件的腐蚀、锈蚀和对有机绝缘部件的霉变。关注湿度的影响，关键是它可能产生凝露，即由于温度的变化，使空气中的水分析出。标准中规定的相对湿度为在24h内测得的平均值不超过95%，也就是说有可能在某一段时间内相对湿度达到100%，空气的相对湿度越高，其水分含量就越大，也就越容易析出水分，并在绝缘部件的表面和金属部件上形成凝露。在高湿度条件下，只要空气温度稍有变化，或者空气遇到温度较低的物体就会出现凝露，不管是潮湿的南方还是较为干燥的北方都要考虑凝露对运行中高压交流隔离开关所带来的问题。对于户内用高压交流隔离开关和接地开关，必须考虑污秽和凝露混合作用为设备带来的绝缘性能下降及其霉变和腐蚀的影响。运行单位可以考虑采用两种办法解决由此带来的不安全因素，其一，采用按高湿度和凝露条件设计和进行过试验的高压交流隔离开关和接地开关，使其自身能够耐受高湿度和凝露所产生的绝缘击穿或金属腐蚀的效应；其二，如不采用按上述要求的条件设计和试验的高压交流隔离开关和接地开关，也可用特殊设计的建筑物或高压室，采用适当的通风和加热，或装用空调机、去湿装置等，防止凝露。这要经过技术经济比较之后再确定采取哪种措施。生产厂家的产品设计应该按照可以耐受湿度和凝露所产生的效应进行设计和相应的试验考核，指望用户采取特殊的措施是不切实际的。对于操动机构箱或汇控柜等控制设备，生产厂家也要采取适当的技术措施防止潮湿空气和凝露对二次元件的损害。可以采取简单的小功率电阻加热并设置上、下通风口的措施，使箱柜内外空气能够流通，使箱柜内的空气尽量保持较为干燥的状态。因此，从加热驱潮的角度出发，并不需要高压交流隔离开关和接地开关的操动机构箱或汇报柜的外壳防护等级太高，一般 IP4x 即可。

5. 污秽和爬电距离

户外绝缘普遍存在着污秽问题，不同地区的污秽程度不同。运行在污秽地区的绝缘子，其外绝缘的耐受电压将随污秽度的增大而逐渐降低，其降低率则随污秽度的强大而逐渐减小，当污秽程度很大时将呈饱和状态。绝缘子的交流污闪电压或污耐压随爬电距离的增加而升高，但是要在一定的结构尺寸和形状的范围内，如果进行耐压试验时放电发生在绝缘子的空气间隙上而不是沿其表面，这样的爬电距离是无效的。我们要求的是在一定污秽条件下，在一定的绝缘子外形结构、尺寸和形状下，其闪络发生在沿面，这时的爬电距离称为有效爬电距离。爬电距离决定于高压交流隔离开关和接地开关运行地点的污秽等级、所选用的最小标称爬电比距、高压交流隔离开关和接地开关的额定电压、绝缘子的应用部位以及套管的直径。户外高压交流隔离开关和接地开关外绝缘的爬电距离用下述关系式确定：

$$l_t = al_r U_r k_D$$

式中 l_t ——最小标称爬电距离，mm；

  a ——与绝缘类型有关的应用系数，相对地为 1.0，相间为 $\sqrt{3}$，断路器的断口间为 1.15；

  l_r ——最小标称爬电比距，mm/kV，相对地间测得的爬电距离与 U_r 之比；

  U_r ——高压断路器的额定电压；

  k_D ——直径的校正系数，当平均直径 $D<300mm$ 时，$k_D=1.0$；当 $500mm \geqslant D \geqslant 300mm$ 时，$k_D=1.1$；当 $D>500mm$ 时，$k_D=1.2$。

按照我国污秽等级的划分，最小标称爬电比距分为四级，如表 3-1 所示，根据电力运行部门的要求，正常使用条件下的污秽等级不得超过Ⅲ级，即 25mm/kV。使用在严重污秽空气中的高压交流隔离开关和接地开关，污秽等级为Ⅳ级。IEC 和 GB 标准中规定，正常使用条件下污秽等级不得超过Ⅱ级，安装在污秽空气中的设备，污秽等级为Ⅲ级（重污秽），或Ⅳ级（严重污秽）。

表 3-1   各污秽等级下的最小标称爬电比距

污秽等级	最小标称爬电比距（mm/kV）	污秽等级	最小标称爬电比距（mm/kV）
Ⅰ	16	Ⅲ	25
Ⅱ	20	Ⅳ	31

上述的污秽等级和最小标称爬电比距都是对户外用高压交流隔离开关和接地开关而言。对于户内用高压交流隔离开关和接地开关，在 IEC 和 GB 标准中没有给出明确的规定，只是写明"周围空气没有明显地受到尘埃、烟、腐蚀性和/或可燃性气体、蒸汽或盐雾的污染。如果用户没有特殊要求，生产厂家可以认为不存在这些情况。"如此处理户内高压交流隔离开关和接地开关外绝缘爬电距离的选择是不妥当的。根据我国多年的运行经验，运行在户内的高压开关设备，同样存在不同程度的污秽问题，并造成大量闪络放电事故。例如，运行在发电厂厂房内的开关设备会受到煤尘和水蒸气的污染，运行在化工厂、水泥厂、冶金企业内的户内开关设备会受到腐蚀性气体和导电尘埃的污染，运行在沿海地区的户内开关设备会受到盐雾的污染。这些污染都会使绝缘子的表面抗电强度降低，在潮湿或凝露条件下导致沿面放电事故。即便是城市内的所谓没有明显污染的地区，也同样存在不同程度的污秽。因此，户内高压交流隔离开关和接地开关的外绝缘，包括绝缘子和绝缘拉杆，应该具有一定的爬电距离，以防止污秽所造成的闪络放电事故。因此，在电力行业标准 DL/T 593—2006《高压开关设备控制设备标准的共用技术要求》中，明确规

定了户内高压开关设备外绝缘的爬电比距不得小于 18mm/kV（瓷质）和 20mm/kV（有机）。

6. 地震

地震是一种自然灾害，强烈的地震能在很短的时间内造成极大的破坏。历次强震中，电气设备尤其是户内高压交流隔离开关和接地开关都遭到严重破坏，支持绝缘子断裂，隔离开关和接地开关损坏，电源中断，大面积停电，为抗灾救援工作带来极大困难，并引发次生灾害。因此，运行在地震多发区的隔离开关和接地开关必须选用具有一定抗震性能的产品，以确保万一地震发生时，高压交流隔离开关和接地开关仍能安全运行。在可能发生地震的地区，运行单位应选择与高压交流隔离开关和接地开关安装地点发生地震时出现的最大地面运动加速度相一致的抗震性能的产品，或者具有相应设防烈度的产品。按照我国高压开关设备抗地震性能试验标准 GB/T 13540—2009《高压开关设备和控制设备的抗震要求》的规定，绝缘子支柱式高压开关设备抗震性能的设防烈度设二级，即 8 度和 9 度，其所对应的考核波形和设备基础顶面的水平方向最大加速度如表 3–2 所示。

表 3–2 水平方向最大加速度

考 核 波 形	水平方向最大加速度	
	8 度	9 度
人工合成地震波或实震记录	0.25g	0.5g
正弦共振拍波	0.15g	0.30g

地震波是一种复杂的宽频带随机波，并具有不重复特性，这就使抗震性能试验标准不可能简单地利用已经记录到的强震波形作为抗震设计和抗震试验的标准波形。为了统一试验标准，一般推荐采用正弦共振拍波，选择这种波形的主要原因是：其一，共振是造成设备损坏的主要原因；其二，地震波是宽频带随机波，其中包括与设备产生共振的频谱成分；其三，地震产生的应变是一项综合数值，输入不同的波形可以获得同样的应变效果，关键是正弦共振拍波是单频波，模拟起来更简便。标准中还推荐了另一种波形，即人工合成地震波或实际地震记录的地震波，这种波形为多频波，地震试验时输入这种波一般要包括地震波的卓越频带，而这种频带宽度在不同的国家或地区可能不同，很难统一，因此一般多用于对设备的直接动力分析，很少用于抗震试验。使用部门对产品提出抗震要求时，要明确设防烈度，同时要明确考核波形。使用正弦共振拍波，设防烈度为 8 度时，水平加速度取 0.15g；设防烈度为 9 度时，水平加速度取 0.3g。如果选用人工合成地震波或实震记录地震波，设防烈度为 8 度时，水平加速度取 0.25g，设防烈度为 9 度时，水平加速度取

$0.5g$。不同的试验波形，所对应的水平加速度是不同的，这主要是共振与否的差异。地震时除水平加速度还有垂直方向和水平横向的震动，水平横向和水平纵向的加速度是相同的，垂直加速度一般考察为水平加速度的一半。根据经验，一般垂直加速度对电气设备的影响很小，试验证明，水平、垂直双向同时振动比水平单向振动的动力反应值大约增加 10%，一般标准中给出的最大加速度值已包括垂直方向的放大系数 1.1。标准中所选定的设防烈度为 9 度时，正弦共振拍波的水平最大加速度为 $0.3g$，主要是根据日本对过去 50 余年的地震记录进行的统计最大加速度幅值均在 $0.3g$ 以下，同时对未来 75 年发生地震的预测值均在 $0.3g$ 以下确定的。高压交流隔离开关和接地开关抗震强度的安全系数应大于 1.67，试验波形如图 3-2 所示，由五个正弦共振拍波组成，每拍五周，拍与拍的间隔为 2s。其中 f 为采用共振探测试验测得的试品的共振频率。

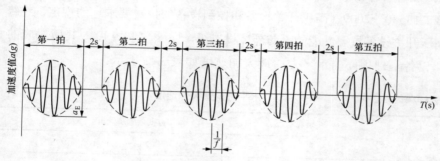

图 3-2　正弦共振拍波的试验波形图

7. 日照、覆冰和日湿差

日照就是太阳的直接照射，夏季中午是太阳照射最强烈的时间。太阳的直接照射会使运行中的高压交流隔离开关和接地开关的温度升高，太阳照射在水泥地面后的热量反射会进一步提升高压交流隔离开关和接地开关的运行温度。太阳辐射的关键是紫外线的照射，它还会使暴露在大气中的有机绝缘物和设备外表面涂层的老化加速。根据现场实测和统计，目前标准中规定，夏日晴天中午，太阳辐射的平均最大强度为 1000W/m²。因此，户外高压交流隔离开关和接地开关，尤其是 GIS 中的隔离开关均应考虑日照造成的影响。运行单位在夏季迎峰度夏期间，应根据设备的实际运行地点和运行工况，适当控制负荷电流，防止设备过热。必要时，可采取适当措施，如加盖遮阳顶盖、强迫通风或降低负荷电流。生产厂家设计产品时，应充分考虑太阳辐射对产品通流能力的影响，并应综合考虑，留有充分的裕度。建议产品进行温升试验时，试验电流取 1.1 倍及以上的额定电流。为了防止太阳辐射对有机绝缘件的损害，应采取遮盖措施，避免太阳的直射。设备外表涂层的质量和颜色也应考虑太阳辐射造成的影响。

48

覆冰就是高压交流隔离开关和接地开关外表的结冰。外表的结冰，尤其是绝缘子外表的结冰和连接引线上的结冰，将对户外运行的高压开关设备的绝缘性能和机械性能造成一定的危害，覆冰厚度越厚，危害就越大。2008 年 1～2 月，我国长江以南大部分地区多次出现大幅度降温过程，大雪和冻雨导致华中、华东和南方电网十余省份的输变电设备因严重覆冰而损坏，致使电网解列，电力系统运行安全遭受严重威胁。由于严重覆冰，导致高压断路器和隔离开关支持绝缘子和灭弧室绝缘子发生冰闪和炸裂，操作失灵，机构部件损坏；由于连接引线覆冰，造成接线端子变形、支持绝缘子裂纹、密封失效、润滑冻结等。此次冰灾仅湖南省电力局就有 321 台高压断路器、295 台高压交流隔离开关发生故障，严重影响了电网的运行安全。虽然 2008 年江南冰灾是多年一遇的自然天灾，但是它也提醒了我们抗冰灾的意识。因此，对于冬季容易出现覆冰的地区，如长江以南和东北地区，在选用高压断路器和高压交流隔离开关时，要考虑覆冰的影响，对接线端子拉力、外绝缘的爬电距离和伞型应特别注意，要慎用 RTV 涂料。生产厂家可以考虑适用于严重覆冰地区的产品，产品设计时要充分考虑低温和冰雪的影响，同时应进行相应的冰冻试验和低温试验，隔离开关应根据覆冰厚度的要求进行破冰试验。

日温差是指一天之内最高环境温度和最低环境温度之差，是环境温度在 24h 内的变化程度。日温差会引起空气和压缩空气的相对湿度发生变化，并可能使其由不饱和状态变为饱和状态而析出水分。夏天中午温度高，如果空气的相对湿度较大，到夜间温度降低后，就可能使空气中的水分析出，发生凝露，从而影响高压断路器外绝缘的抗电强度，凝露还会使金属部件锈蚀、机构箱和控制箱二次回路绝缘降低和发霉。

目前高压开关设备的标准中并没有对日温差的要求，但是不管是使用单位或者是生产厂家，还是要考虑到日温差可能带来的影响，尤其是使用在日温差较大、相对湿度较高的地区的设备，或者在相对湿度较高的季节时，应注意到由于日温差而发生的凝露，可能会对一次设备和二次设备的绝缘强度、对金属部件的腐蚀、对绝缘件的霉变及对密封件的影响。为此，对于户内设备，运行单位应尽量采取控制环境温度和湿度变化的措施，对机构箱或汇控柜应采取防凝露和驱潮措施，要尽量避免由于日温差可能造成的安全隐患。

高压交流隔离开关和接地开关及高压开关设备一般是按正常使用条件进行设计的，只要产品的使用地点不超过正常使用条件，均可以满足运行要求。当产品的使用条件超出标准中规定的正常使用条件时，使用单位在产品订货时，应根据安装地点的实际条件，按照标准中规定的特殊使用条件，逐项提出具体要求。应该强调，二次低压辅助设备和控制设备中一些元件，如电子元件、低压电器、继电器、智能化组件、传感器、电池、带电监测装置等，其要求的使用条件可能与高压交流隔离开关和接地开关及其操动机构不同，使用单位和生产厂家应根据具体情况采取适当措施保证这些二次元件的正常工作。另外，要特别提醒生产厂家和运行单位，在考虑环境条件对产品技术性能带来影响的同时，还要考虑设备在运行中可能对周围环境造成的影响，如噪声、无线电干扰、电晕放电等，应该满足环境保护的要求，必要时要采取相应技术措施。

第二节　高压交流隔离开关和接地开关的操作

根据高压交流隔离开关和接地开关的定义，其操作可分为无载操作和有载操作。无载操作就是断路器分闸后将停电端的隔离开关分闸，随后将接地开关合闸；或者在断路器要投入运行前，将接地开关分闸后再将隔离开关合闸。有载操作是指由隔离开关开合"很小的电流"或者"电压无显著变化"的电流，如隔离开关开合套管、母线、连接线、短架空线或非常短的电缆的容性电流，开合断路器上的均压电容器的电流，以及空载变压器或者电磁式电压互感器的感性小电流，72.5kV 及以上的隔离开关开合母线转换电流。接地开关有载操作是指具有短路关合能力的接地开关关合短路电流的操作，以及线路用接地开关开合感应电流的操作。

一、高压交流隔离开关和接地开关的操作方式

高压交流隔离开关和接地开关的操作方式分为人力和动力两种，人力操作就是开关的分、合操作直接以人力给予必需的操作功进行操作，而动力操作则以动力源为操作能源进行分、合闸操作，动力源如直流或交流电动机、气动或液压源。动力操作方式可分为电动操作、气动操作、液压操作。电动操作是配用电动操动机构，它由电动机（直流或交流）和变速机构组成，通过机械传动系统进行分、合闸操作。电动操作可分为直接操作和储能操作。直接操作是由电动机带动变速机构直接进行分、合闸，它的分合闸速度较慢，户外敞开式隔离开关和接地开关基本都是采用这种电动操动机构。电动储能操作是由电动机构带动变速机构先对弹簧进行储能，储能到位后电动机构停运，这种机构又分两种操作方式：一种是储能到位后通过机构的死点立即释放能量进行分、合闸；另一种是弹簧储能到位后由机械锁扣装置锁死，当需要进行分、合闸时再将锁扣释放。弹簧储能操动机构也可以用人力、气动或液压进行储能操作，所以弹簧操动机构又分为手动弹簧操作、电动弹簧操作、气动或液压弹簧操作，目前大多采用人力弹簧操动机构和电动弹簧操动机构。弹簧操动机

构具有较快的分合闸速度，一般用于需要进行有载操作和关合短路电流的接地开关，操作功和分合闸速度将根据开断和关合能力的需要进行设计。

高压交流隔离开关和接地开关如果只进行无载操作，采用人力操作方式即可满足使用要求，但是对于超高压和特高压产品一般均配用动力操动机构，以便实现远方操作。动力操动机构也应该设置人力操作装置，以便进行就地操作。当采用人力操作时，例如，采用插入手柄操作，应能自动切除动力操动机构的控制电源，以保证操作人员的人身安全，在手柄未抽出之前不能进行远方或就地电动操作。采用人力储能装置时，应设计成开关动作时不会驱动储能手柄。

高压交流隔离开关和接地开关进行操作时，无论是人力还是动力、是远方还是就地操作，均应有运行人员到现场监视开关的动作是否正常、顺利，分、合闸是否到位，合闸是否接触良好、可靠，操作过程中联锁装置和限位装置是否正确动作。如果在操作过程中，发生卡滞或拒动现象，应立即停止操作并查明原因，不得强行操作或借助其他措施（如用绝缘杆）进行操作，以防合闸接触不良或者发生绝缘子断裂，导致人身和母线停电事故。现场进行有载操作时，一般应进行远方和电动操作，操作人员应熟悉操作方法，分合闸应三极同时操作，要考虑到分断电流时出现的电弧对其他运行设备可能造成的影响，要防止空气中的电弧对操作人员和监视人员的伤害。

二、高压交流隔离开关和接地开关的动力操作电源和分合闸装置的控制电源

高压交流隔离开关和接地开关配用动力操动机构时，其合闸和分闸装置及其辅助和控制回路的电源电压应确保在额定电源电压的 85%～110%之间，在此电压范围内，开关的储能装置应能正常储能，开关的分合闸动作正常，分合闸的机械行程特性，如动作时间、辅助触头和位置指示装置等均应满足技术要求。

高压交流隔离开关和接地开关储能所用电动机可以是直流的，也可以是交流的，但是运行部门为了保障变电站直接电源的运行可靠性，一般不提供直流电源，如果设备要使用直流电动机只能自配整流装置，所以厂家还是尽量使用交流电动机为宜。

高压交流隔离开关和接地开关大多在无压的情况下进行简单的分、合闸操作，因此它对动力电源和控制电源的要求并不像高压断路器那样严格，变电站的交直流电源只要能满足高压断路器的要求，自然也就能满足隔离开关和接地开关的要求了。

三、高压交流隔离开关和接地开关的操作

1. 正常操作

一般来讲，隔离开关不具备开断电流能力，其功能是保证断路器两侧都有可见

的断开点以防止突然送电的危险，因此在操作前应先检查断路器和相应的接地开关位置：隔离开关合闸前须确认接地开关已拉开、断路器在分闸位置，且在送电范围内也无临时接地线后方可操作；隔离开关分闸前须确认断路器在分闸位置后方可操作。接地开关主要是为了检修人员安全和系统隔离要求，操作前须检查隔离开关的状态，只有在隔离开关处在分闸位置才可进行操作。虽然隔离开关与断路器、隔离开关与接地开关之间（很多情况下接地开关与隔离开关组合为一体）都有电气和/或机械联锁，但出于安全原因，操作前的检查仍必不可少，尤其要特别注意对母线接地开关的操作。

通常，隔离开关采用电动操作的方式，但当中压隔离开关或电动操作失灵时也会采取手动操作，电动操作可在远方或就地实施，手动操作则只能就地进行，此时更需注意人身安全问题。操作时应注意的事项：

（1）操作带有闭锁装置的隔离或接地开关时，应按闭锁装置使用规定进行，不得动用解锁钥匙强行解锁或破坏闭锁装置进行操作。

（2）手动操作。首先应检查操作电源的空气开关已分闸，保证电源不会突然送电。合闸时应果断，特别是动、静触头距离减小出现放电后会感到操作阻力增大，此时动作要加快，尽快使动、静触头合上，而到合闸终了动作需放缓，不可用力过猛；分闸操作初始动作可慢些，到动、静触头分离时动作应加快，减少放电时间，待完全拉开后则可动作放缓。

（3）电动操作。首先应合上操作电源，指示灯亮后方可操作，操作完成后要断开操作电源，通常运行中隔离开关和接地开关的操作电源是不接通的。

空气绝缘的隔离开关在操作过程中会出现拉弧现象，其物理概念相当于悬浮电位放电，因断路器已分开，操作隔离开关分闸时，随着动、静触头之间出现间隙而产生电弧与断路器的连接，因初始的小间隙空气绝缘介质强度低于电场强度，间隙中会出现电弧以维持两者电位一致，直到间隙足够大（即分闸到某个位置后）放电才会停止；合闸过程则相反，合闸到某个位置后开始放电直至动、静触头合上。一般为避免这种放电的影响，对断路器两侧隔离开关的操作顺序是有要求的，具体为先拉开断路器负荷侧的隔离开关，如线路或变压器隔离开关；后拉开断路器母线侧的隔离开关，如母线隔离开关。

在整个操作过程中，如有卡滞、动触头不能插入静触头、合闸不到位、拉不开等现象，则应停止操作进行检查处理，待缺陷消除后再继续进行操作，注意这些异常与故障操作情况是不一样的。同时还要注意支柱/操作绝缘子情况，如有异常声响应立即停止操作并迅速撤离现场，防止绝缘子断裂造成人身伤害。现场操作完后须对设备状况进行检查：隔离开关合闸后应检查动、静触头是否到位，导电杆（对于折臂式尤为重要，因为还有一个中间传动机构）、传动连杆和操动机构的拐臂均要求越过死点位置。分闸后同样也要检查，折臂式导电杆的上、下拐臂应紧靠在一起，上述几个机械位置也须过死点。接地开关拉开后应检查导电杆是否有上翘的情况，原则上不可超过支柱绝缘子下法兰的端面，否则即说明其缓冲调整有问题。

严禁用隔离开关进行下列操作：

1）带负荷分、合操作；

2）配电线路的停送电操作；

3）雷雨时拉合避雷器；

4）中性点不接地系统出现接地或电压互感器有内部故障时，拉合电压互感器；

5）中性点不接地系统有接地故障时拉合消弧线圈。

传统上接地开关多采用手动操作方式，只有在高电压等级上才会使用电动操作，如今采用电动操作方式已很普遍，即使中压系统也如此，但出于安全考虑，无论哪种方式操作后均需要到现场确认开关位置，这也是我国电力行业积多年经验教训得出的，用户务必要做到。需要强调的是为避免接地开关导电杆在运动过程中处在与隔离开关带电侧最近时可能发生放电的危险，在雷雨天气条件下不得采用手动操作方式去开合线路接地开关。

近年来接地开关又被赋予了新的功能——开合线路感应电流，随着土地资源的日益减少，同杆（塔）多回路架设的输电线路已越来越普遍，而线路间的电磁、静电感应使得分合闸速度很慢的普通的接地开关无法去实现检修线路的接地要求，与具有快速分合闸的气体绝缘金属封闭开关设备中的接地开关不一样，空气绝缘的接地开关必须装用一个与断口配合的灭弧装置先来完成感应电流的开合，因此对于有此功能的接地开关，操作前需检查灭弧装置操动机构是否正常。

2. 故障操作

可能遇到的情况可分为两种：一种是隔离开关或接地开关自身有问题，另一种是需要用隔离开关操作去解救其他设备。前者往往是机械上的问题，例如，在操作过程中导电杆出现卡滞，造成动、静触头间的电弧不能熄灭，持续的重燃会产生很高的过电压，危及处于同一接线上的设备，特别是母线隔离开关如出现这种状况影响范围会更大，重燃还会引起暂态地电位升高对二次系统的反击，曾有 500kV 换流站出现该现象，整个控制系统都受到了影响，故障甚至波及阀厅设备，严重的则可能发生母线故障。从近些年发生的故障情况看，户外、高电压等级隔离开关出问题较多，究其原因，零部件锈蚀或腐蚀、损坏是主要原因。一旦出现这种情况首先应设法继续进行合闸（如是分闸则恢复到合闸位置）的操作，因为随着动、静触头间的距离减小，电弧可维持在一个稳定的状态，这样至少可减少过电压的作用，如隔离开关实在无法动作了，应设法使用断路器将故障隔离开关退出运行，当然这样操作往往会增加停电的范围，故还是要根据具体情况进行处理。同样接地开关也会出现导电杆卡滞情况，但其影响仅限于具有开合感应电流的设备，此时的影响与一次主设备关系不大，只有暂态地电位升高的问题，处理也按恢复接地要求去做。

用隔离开关的操作去解救其他设备故障也属于故障操作，最常见的是在 3/2 接线中遇到某台断路器出现机械问题后，要用隔离开关将断路器退出运行。隔离开关本身具备开合转移电流能力，实际上要做的是如何安全地解除电气联锁，千万不能出现由此再造成对其他设备的影响，特别是对那些自动化程度高的变电站，电气联锁会涉及多种保护装置。

第三节　高压交流隔离开关和接地开关对安装基础的要求

高压交流隔离开关和接地开关要安装在稳定和坚固的基础之上。安装基础应能承受隔离开关和接地开关在操作过程中所产生的向上、向下、水平和旋转的操作冲击力，确保基础在长期运行中不会发生倾斜、裂纹、滑移和下沉等妨碍设备正常运行和操作的有害现象。安装基础应具有与隔离开关和接地开关相同的抗地震的设计标准，基础的固有频率应该尽量远离设备的固有频率，一般应为设备固有频率的 3 倍以上，以尽量降低地震时由于基础所导致的设备响应放大率。

高压交流隔离开关和接地开关基础的设计和施工应根据变电站和发电厂的地质条件来确定，对于地质条件较好的地点，如果地基对于所承受的负荷具有充分的支撑能力，在设备的操作冲击力的作用下不致引起基础下沉、倾斜、转动和滑移，并能确保隔离开关和接地开关可靠分、合闸时，一般可采用直接基础形式。当然经过长期运行后，基础可能有一些沉降，但只要在规定的范围内即可。即使在某种程度的软弱地基的情况下，在施工土方量较少的场合，结合隔离开关和接地开关的具体情况，通过混合优良土质等方式使地基得到改良，也可以采用直接基础。对于不能采用直接基础的地质条件，如原为沼泽地、深填埋地等软弱地基，要采用打桩的基础形式，以保证基础的沉降或变形在允许的范围内。

运行部门应该充分认识到变电站和发电厂高压交流隔离开关和接地开关安装地点的地质条件和安装基础的重要性，设计部门应该根据生产厂家的要求，结合安装地点的地质条件，采用适当的基础形式，并按相应的标准和规范进行基础的设计和施工。要确保安装基础的稳定性和可靠性，确保隔离开关和接地开关能够安全可靠地长期运行和操作。

高压交流隔离开关和接地开关与高压断路器相比，其质量轻，分合闸速度慢，操作功小，操作冲击力小，因此对基础的要求相对简单，尤其是其重要性远不及断路器，所以对其安装基础，包括底座的安装支架的设计和施工质量常常被忽视。运行实践证明，因安装基础下沉、变形以及安装支架施工质量差等原因造成的隔离开关故障远远多于高压断路器的故障。为了保证高压交流隔离开关和接地开关的运行安全，运行部门应特别关注基础设计和施工质量，尤其要重视底座支架的设计和安装质量，应该要求底座支架应包括在产品的供货范围之内，由厂家进行设计和安装。

第四节　高压交流隔离开关和接地开关在运行中应具备的技术性能

高压交流隔离开关和接地开关是电力系统的安全防护设备，运行中需要完成的任务主要是在隔离开关处于分闸位置时要提供安全可靠性的断口绝缘距离，接地开关在合闸位置时能够承受在规定的时间内流过规定的短路电流，以保证当发生误操作对停电部分送电时的人身安全和设备安全。同时在某些情况下，运行中的隔离开关和接地开关还需要具有一定开合能力。为此，高压交流隔离开关和接地开关就要具备必需的运行可靠性、机械性能、绝缘性能、热性能、安全防护性能和广泛的环境适应性能等，以确保在其使用寿命周期内能安全可靠地运行。

一、高压交流隔离开关和接地开关的运行可靠性

在高压输变电设备中，高压交流隔离开关和接地开关是唯一完全暴露在大气环境中工作的设备，因此它也是受环境和气候条件影响最大和最直接的电器设备。自然界的冷、热、风、雨、雾、雪、冰、霜、日晒、沙尘、潮气和污秽等都会对高压交流隔离开关和接地开关的各个部件和可动部件之间的连接及触头之间的接触造成不同程度的损害，而由此产生的腐蚀、锈蚀就会影响其运行可靠性及各种性能。由于锈蚀可能会导致转动或传动部件的卡滞，继而造成操作力增大、分合闸不到位，甚至会发生拒分和拒合，也可能导致绝缘子损伤或断裂；锈蚀也可能造成机械传动部件强度下降，而发生变形或损坏；锈蚀还会造成导电系统接触不良而发生过热等。因此，对于高压交流隔离开关的运行可靠性，除了应该严格控制产品出厂质量、现场安装质量以及所选用的支持绝缘子和操作绝缘子的质量、导电部件及触头的材料质量、二次回路关键元件的质量之外，还应特别在设计、材质选择、表面处理、加工工艺和涂敷工艺等各个方面加强耐腐蚀性能。应该充分认识到，对于户外高压交流隔离开关和接地开关而言，加强抗自然环境的性能，防腐防锈是保证其运行可靠

性的关键。实践证明，看似结构简单、技术含量低、易于生产的隔离开关和接地开关，要想生产出高性能、高质量和高可靠性的产品并非易事，要想生产好的产品，生产厂家必须要从根本上转变轻视隔离开关生产的观念，要引进生产 SF$_6$ 断路器和 GIS 的设计、生产和质量管理的理念，只有在思想上重视了才能保证产品的质量，当然还必须包括运行部门轻视隔离开关运行管理和检修维护工作观念的转变。保证隔离开关和接地开关的产品技术性能和出厂质量，做好运行管理和检修维护工作是确保运行可靠性的关键。

二、机械性能

高压交流隔离开关和接地开关在运行中将要承受来自外部和自身的各种机械负荷，这些机械负荷有持续长期作用的机械力，有反复多次作用的机械力，也有偶尔发生的作用力或者几种机械负荷同时作用的机械力。高压交流隔离开关和接地开关的各个部分及各个元件必须具有足够的机械强度，在各种外来或者自身以及各种组合的机械负荷的作用下，不发生变形、损坏以及绝缘子断裂，能够确保机械传动系统可以准确、可靠地进行分合闸操作。

1. 来自外部的机械负荷

来自外部的机械负荷主要是作用在高压交流隔离开关和接地开关接线端子上的连接导体所产生的拉力和作用在设备本体上的风和冰所产生的作用力。作用力分为静态拉力和动态拉力。按照高压交流隔离开关和接地开关标准中的规定，端子机械负荷是指作用在每个端子上的外部负荷，端子静态机械负荷是指隔离开关或接地开关由软导线或硬导线与端子连接时端子所承受的机械力，而端子动态机械负荷则是指静态机械负荷和大风或者地震与短路电动力组合而成的负荷。额定端子静态机械负荷和额定端子动态机械负荷是指端子允许承受的最大端子静态机械负荷和外部动态机械负荷。隔离开关和接地开关端子上的机械负荷额定值不仅取决于它的设计，而且取决于它所选用的支柱绝缘子的抗弯强度。额定静态机械负荷是由导线自重+覆冰+风联合形成的作用力，由导线自重产生的拉力加上冰和风作用在导线上产生的拉力组成。覆冰厚度在标准中规定为 1、10、20mm 或超过 20mm，标准中规定的风压为风速不超过 34m/s，相应于圆柱表面上的 700Pa。作用在高压交流隔离开关和接地开关接线端子上的额定静态机械负荷分为三个方向，即水平纵向、水平横向和垂直方向。实际上，运行中的高压交流隔离开关和接地开关长期承载的是静态拉力，但是在某些情况下，如发生了地震和短路，此时它将承载短时的动态机械负荷。一般情况下，对地震和风压只考虑其中较大者，即认为冰+风+导线自重+短路相间电动力或冰+地震+导线自重+短路相间电动力为动态机械负荷，这与断路器所考虑的动态机械负荷不同之处是可以不考虑操作力。高压交流隔离开关接线端子上所承载的机械负荷决定了所选用的支柱绝缘子的抗弯强度，为了保证在外部机械负荷的作用下能可靠运行和准确操作，一般要求绝缘子的抗弯强度应按不小于 3.5 倍的额定端子静负荷，同时应按 1.67 的额定端子动负荷进行校核。高压交流隔离开关和接地开关应通过整体抗弯强度试验来验证在其接线端子上施加 2.75 倍额定静态机构负荷时不会发生支柱绝缘子的损伤或断裂，而且在接线端子上施加额定静态机械负荷时能够正确分闸和合闸。

高压交流隔离开关和接地开关的机械强度应根据不同的电压等级、不同的额定电流和短路电流设计，在充分考虑连接导体的形式、长度、重量及连接方式的基础上，确定支柱绝缘子的抗弯强度，并选用合适的接线端子。运行部门应根据标准中规定的额定端子静态负荷选择连接导体的形式和长度，在计算端子的静态机械负荷和动态机械负荷以及对绝缘子的抗弯强度要求时，应充分考虑连接导线所产生的拉力，包括导线上由风和冰所产生的力，要尽量减小接线端子长期所受的静态拉力，如果引线过长应加装支撑绝缘子以减小拉力。

2. 来自自身的机械负荷

高压交流隔离开关和接地开关由于自身产生的机械负荷主要来自下述两个方面：① 电动力——由于短路而形成的相间电动力，最大电动力出现在边相上，因此峰值耐受电流试验要求要在三相回路中的任一边相上达到规定的峰值电流；② 操作力——高压交流隔离开关和接地开关以一定的速度进行分闸和合闸完了之后，动触头传动系统的机械惯性将会对支柱绝缘子造成一定的冲击力。因此必须精心设计高压交流隔离开关的分合闸缓冲器，有效吸收分合闸后的剩余能量，以免对支柱绝缘子造成累积性机械损伤。

高压交流隔离开关的机械强度设计关键是支柱绝缘子抗弯强度的选择和动力传动链中各个部件，包括转动连接件的强度设计，同时还要考虑环境条件可能对机械强度的影响，如锈蚀。为此高压交流隔离开关的机械设计必须要有充分的裕度，以保证在它的使用寿命周期内不会因机械强度的降低而导致机械动作可靠性的降低，更不能发生支持绝缘子的断裂。

三、绝缘性能

对于敞开式隔离开关和接地开关，其绝缘性能包括在分闸位置时断口间的绝缘性能和支柱绝缘子或操作绝缘子的绝缘性能，除 GIS 中使用的气体绝缘金属封闭隔离开关和接地开关外，敞开式设备只有外绝缘。高压交流隔离开关和接地开关的绝缘强度，包括断口间的空气间隙和绝缘子的外绝缘，应该能够耐受可能遭受到的长期工作电压和各种短时过电压的作用，即运行电压、雷电过电压、操作过电压和瞬时过电压的作用。从安全的角度出发，隔离开关在分闸位置时，要求其断口间在任何情况下都不能发生闪络现象。为此必须使断口间的绝缘强度满足隔离断口的要求，即当断口的一侧施加额定耐受电压时，对侧端子上应施加100%的工频电压值，断口间的绝缘强度必须大于对地绝缘强度，使得断口间的放电概率从理论上讲为零。高压交流隔离开关和接地开关的支柱和操作绝缘子的绝缘强度应该能够承受各种电压的作用，干弧距离要根据使用地点的海拔高度确定，爬电距离要根据使用地点的污秽等级确定，断口间的开距也应根据使用地点的海拔高度和气候条件进行修正。

　　高压交流隔离开关和接地开关的断口间隙和绝缘子的外绝缘特性应根据不同的电压等级、不同的使用地点确定其符合标准要求的绝缘距离和绝缘水平，应与同一站内的高压断路器的绝缘水平相同。

四、热性能

　　高压交流隔离开关的热性能分为承受正常工作电流的长期通流热性能和承受短时故障电流直至额定短路电流的短时热性能，接地开关则只考虑其短时热性能和关合短路时的热性能。高压交流隔离开关导电回路的尺寸和触头结构、导电连接件等一般是由其额定电流来决定的，然后再用额定短时电流，即热稳定电流进行校核。但是应该指出，高压交流隔离开关的导电回路（包括动、静触头、导电杆、导电连接）是完全暴露在大气中运行的，其运行条件要比断路器的导电回路恶劣得多，它要常年受环境和气候条件的影响，触头和导体的脏污、氧化、锈蚀以及烧蚀均不断影响着导电回路的热性能，以致在运行中发生过热和烧损故障。高压交流隔离开关全新产品大多可以通过温升和动热稳定试验，并且根据电力行业标准的要求还可以通过1.1～1.2倍的额定电流，但是运行中的设备仍然频繁发生过热现象，而且随着运行时间的延长，热性能不断恶化，许多设备运行几年后只能用到额定工作电流的50%～60%，超过70%就会过热。高压交流隔离开关要保证在其使用寿命周期内有稳定可靠的热性能，不但要确保新设备、新触头、新导电元件的温升试验和热稳定试验满足要求，同时还要确保已经被污染、烧蚀或氧化后的导电回路不发生过热和熔焊。根据电力系统的运行经验，高压交流隔离开关的长期通流热性能必须要有充足的裕度，裕度的大小取决于产品的额定电流，一般产品设计时应确保在1.1～1.2倍或更高的额定电流下能够满足温升试验的要求。不仅如此，在产品进行设计时还应充分注意：① 触头弹簧与触头间应可靠绝缘，防止弹簧分流退火；② 严格控制触头弹簧材质的选择和热处理工艺，防止弹簧长期工作产生接触压力下降造成触头接触不良，可以选择自力型触头，但也要加强质量控制；③ 导电杆和触头的镀银工艺要确保银层的厚度、硬度和附着力，达到机械寿命后不能露铜；④ 提高触头系统在合闸过程中的自清洁功能和防污性能，尽量减少对环境的影响。

总之，要确保高压交流隔离开关长期通流的热性能，防止运行中过热故障的发生，在产品设计上要采取综合技术措施，增大设计裕度，减小环境影响，改进和提高导电系统的设计水平，尤其是转动导电部件之间的过渡连接装置的导电性能。运行部门在运行中要加强导电系统温度的监视，合理控制负荷电流，为设备留有必要的裕度。

五、安全防护性能

高压交流隔离开关和接地开关的安全防护性能是指其对运行维护人员的人身安全防护、外界对其可能发生的意外作用的自身防护或者其自保护性能。

对运行维护人员的人身安全防护包括以下几个方面：对可动部件的外露部分的防护，对人力储能装置的设计应使隔离开关和接地开关的动作不会驱动储能手柄的转动，动力操动机构的远动操作和就地手动操作之间的闭锁，安全可靠的接地连接等。

高压交流隔离开关和接地开关的自保护性能包括下述内容：防止人体接近危险部件的防护，防止固体外物进入设备的防护，防止鸟巢的防护，防止水浸入的防护，防止由于重力、风压、振动、偶然撞击而发生位置改变的防护，防止化学腐蚀和锈蚀的防护，隔离开关和接地开关之间的联锁装置和机械箱内加热器的防护等。

高压交流隔离开关和接地开关应该具有全面、安全而可靠的防护性能，既要保证设备自身的运行安全，也要确保运行维护人员的安全。与高压断路器相比，由于隔离开关和接地开关基本是"裸体"运行的，各个部件及分合闸传动基本都是裸露的，这就更需要做好各种安全防护工作，尤其是运动部件对运行维护人员人身安全的防护以及各种金属部件的防腐、防锈保护措施，要作为安全防护工作的重点加以落实。

六、环境适应性能

高压交流隔离开关和接地开关应该具有广泛的环境适应性，通过采取不同的技术措施使之适应不同的气候条件和自然环境，同时还要适应现代社会对环境保护的要求。为此，高压交流隔离开关和接地开关必须从设计入手尽量降低其噪声水平和无线电干扰电压水平，在寒冷地区使用的设备要具有可靠的破冰性能和可靠的操作性能，在地震多发地区使用的设备要具有安全可靠的耐震性能等。

高压交流隔离开关和接地开关在不同环境条件下的技术性能均应通过相应的试验考核，如无线电干扰电压试验、高低温试验、冰冻试验、地震试验、污秽试验等。

七、开断和关合母线转换电流的性能

在变电站内，经常用隔离开关将负荷电流从一个母线转换到另一个母线上，对于这种操作方式，要求隔离开关具有一定的关合和开断母线转移电流的能力，开合转移电流的大小取决于转换的负荷电流值、母线之间的连接位置和被操作的隔离开关之间的环路距离。下面介绍几种可能会遇到用隔离开关开合母线转移电流的接线方式。

1. 双母线接线方式切换母线操作

图 3-3 为双母线接线方式变电站进行母线切换的操作示意图（初始运行方式）。母线甲带电运行，母线乙停运，电源由 L1 经断路器 QF1 和 QS2 送入，母线连接位置在母线的右端，母联断路器 QF3 处于断开位置，其隔离开关 QS5 和 QS6 处于合闸位置，负荷电流由 L2、L3、…、Ln 送出。现在想将母线甲停运，将母线乙投入运行，将母线甲所带负荷全部转移到母线乙上，其操作顺序应为：先将母联断路器 QF3 合闸，使母线乙带电；将母线乙进线隔离开关 QS1 合闸，此时 QS1 将会关合一个环流，这个环为 QS1→母线乙→QS6→QF3→QS5→母线甲→QS2，并通过 QS1 与 QS2 共同通过 QS3 经 QF2 送出负荷，但通过 QS1 的电流很小，因为与 QS2→母线甲→QS3 的送出路径相比，其送出路径远。然后再合 QS4，它也会关合一个环流，此环为 QS1→母线乙→QS4→QS3→母线甲→QS2，此时两母线均带电且进线 L1 通过 QS1、QS2 同时送电给两母线，而线路 L2 则同时通过 QS3、QS4 向

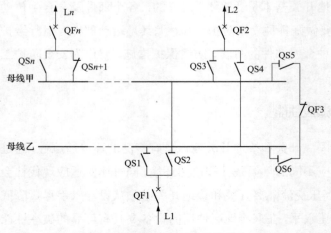

图 3-3　双母线接线方式切换母线操作示意图

60

外输送电流。下面的操作则是将 L2 的负荷倒至母线乙上，即用 QS3 将由母线甲送出的电流切断，则 L2 的负荷全部由母线乙通过 QS4 送出。QS3 的分闸则是开断母线转换电流，此电流大小取决于 QS3 和 QS4 两个供电回路的阻抗比值，也就是决定于两个供电路经的距离比，这个距离还与母线联络断路器的位置有关，如果 QF3 与被操作的 QS3 距离近，则开断的转换电流就会大一些。将其他的出线负荷倒至母线乙，其操作顺序相同，最后将 QS2 分闸则母线甲退出送电回路，QS2 也会开断一个母线转换电流。最后再将 QF3 分闸，母线甲停电。

退出旁路母线（简称旁母）的操作示意图如图 3-4 所示。退出的操作与双母线的切换操作基本相同，在退出旁母之前，先将检修完毕后的 QF1 及其两侧的隔离开关合闸，使负荷电流通过 QF1 与 QF2 同时送出，然后将 QS3 分闸，使其开断母线转换电流。

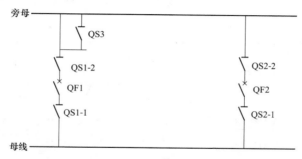

图 3-4 退出旁路母线的示意图

2. 角形接线和桥形接线检修断路器的操作

图 3-5 和图 3-6 分别为多角形和桥形接线方式时,检修断路器但又不停电的操作示意图。在多角形接线方式中，如需检修 QF1，为了避免用 QS2 开合 QF1 和 QS2 之间较长的空母线或空电缆，应先将 QS12 分闸使其开断一个母线转移电流，然后再将断路器分闸。在多角形接线方式中，多将 QF1 右侧的隔离开关布置在左侧的出线旁，这段距离一般有 200m 左右，不同电压和不同容量的变电站距离不同。在桥形接线方式中，如果检修任一断路器又不停电，均需操作隔离开关 QS 桥的合/分来实现，QS 桥的合/分即开/合母线转移电流。

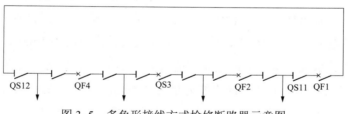

图 3-5 多角形接线方式检修断路器示意图

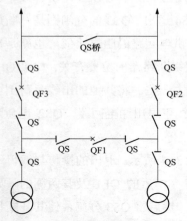

图 3-6　桥形接线方式检修断路器示意图

3. $1\frac{1}{2}$ 接线方式检修中间断路器的操作

图 3-7 为采用 $1\frac{1}{2}$ 接线方式的变电站检修中间断路器的操作示意图。如果由于某种原因，一串中的中间断路器 QF2 在分闸操作时拒分，此时需退出运行检修但又不能停 L1 和 L2 线路，则 QS2-1 和 QS2-2 分闸，此时它们将要开断母线转移电流。

高压交流隔离开关开合母线转换电流的数值决定隔离开关的安装位置、变电站的母线接线方式、母联断路器的位置和被操作的隔离

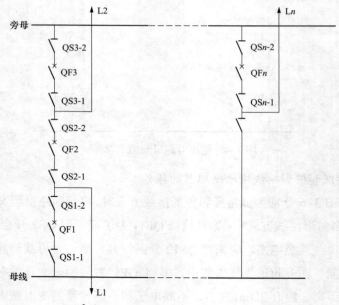

图 3-7　$1\frac{1}{2}$ 接线方式变电站检修中间断路器操作示意图

开关之间的环路距离。标准中规定，对于空气绝缘和气体绝缘的隔离开关，其额定母线转换电流均取 80%的额定电流。但是，一般不论隔离开关的额定电流有多大，额定母线转换电流不超过 1600A。之所以选择最大转换电流为 1600A，标准中的解释是"隔离开关承载的最大持续电流可能大大地小于额定电流"。这种解释似乎理由不充分，"承载"能力和"开断"能力是两种不同的技术性能，"承载"能力的裕度取决于用户的选型，这没有严格的规定，而且之所以考虑裕度也是为了长期运行

的安全。这个裕度不能被随意占有。高压交流隔离开关开合母线转换电流的数值随着变电站容量的不断增长会越来越大，这要根据变电站的具体接线方式、容量和操作程序进行估算。母线转换电流在某些大容量变电站中可能会超过 1600A，出现这种情况时，运行单位应与生产厂家协商解决。

隔离开关开断母线转换电流后，断口间出现的恢复电压称为母线转换电压，其值取决于隔离开关所在电流回路的距离。距离越长，回路阻抗越大，则转换电压越高，空气绝缘变电站的母线长度一般要大于气体绝缘变电站的母线长度，所以在开断相同的母线转移电流时，空气绝缘隔离开关的母线转换电压要高于气体绝缘隔离开关的母线转换电压。对于空气绝缘和气体绝缘混合式变电站，由于其母线是空气绝缘的，虽然其隔离开关是气体绝缘的，但其转换电压应该按空气绝缘隔离开关的数值选择。我国电力行业标准 DL/T 486—2010 中规定的隔离开关的额定母线转换电压如表 3-3 所示。

表 3-3 隔离开关的额定母线转换电压

额定电压 （kV）	空气绝缘隔离开关的额定母线转换电压 （V，有效值）	气体绝缘隔离开关的额定母线转换电压 （V，有效值）
40.5 72.5 126	100	30
252 363	300	100
550 800 1100	400	100

注 用气体绝缘隔离开关开合空气绝缘母线的转换电流时，其额定母线转换电压应采用空气绝缘隔离开关的额定母线转换电压。

为了提高隔离开关的开合母线转换电流的性能，对于户外空气绝缘隔离开关可以增设辅助开断装置，这个开断装置可以是一个真空灭弧室或者是一个 SF₆ 灭弧室，在分闸时主刀闸先分闸，然后与之并联的辅助开断装置再分闸将转换电流开断，随后与主刀闸一起进行分闸。合闸时则先用辅助开断装置进行合闸，然后再将主刀闸合闸。辅助开断装置的动作原理和高压断路器的动作原理相似。辅助开断装置也可以用于空气绝缘的接地开关上，使之提高其开合感应电流的性能。

八、开断和关合容性小电流的性能

由于变电站中的某些设备和接线（包括临时性接线）只使用隔离开关，如电容式电压互感器、套管等，因此在停送电过程中隔离开关就要具备切合这些容性小电流的能力。另外，在变电站改变运行方式时，为了简化操作避免不必要的停电，往往也会用隔离开关切合短的母线、连接线和短电缆的充电电流，这也要求隔离开关要具备一定的切合容性小电流的能力。隔离开关在运行中需要分、合的电容电流和电压主要决定变电站的形式、位置和站内各电气元件的电容以及隔离开关的安装位置。高压交流隔离开关分合容性小电流的能力与其结构形式、安装方式和分合闸速度密切有关，空气绝缘隔离开关的分合能力还与在户外操作时的风力、风向、湿度、温度等环境条件相关，而气体绝缘隔离开关则主要与 SF_6 气体的压力和分合闸速度有关。

IEC/TR 62271—305：2009《高压开关设备和控制设备 第 305 部分：额定电压 52kV 以上空气绝缘隔离开关的容性电流开合能力》中给出了空气绝缘变电站中典型的容性负荷的充电电流值，如表 3–4～表 3–6 所示。IEC 62271–102：2012《高压开关设备和控制设备 第 102 部分：交流隔离开关和接地开关》中，对额定电压 52kV 以上的气体绝缘隔离开关开合母线充电电流的规定值如表 3–7 所示。我国电力行业标准 DL/T 486—2010，根据我国电力系统的实际情况，对气体绝缘隔离开关开合母线充电电流的规定值均大于 IEC 标准的要求值，如表 3–8 所示。DL/T 486—2010 中对空气绝缘隔离开关开合容性电流值 126～363kV 为 1A，550～1100kV 为 2A。

表 3–4   245kV 及以下的容性充电电流

设备类型	容性电流（A）					
	72.5kV		145kV		245kV	
	50Hz	60Hz	50Hz	60Hz	50Hz	60Hz
TA	≤0.04	≤0.04	≤0.04	≤0.04	≤0.04	≤0.04
CVT（4000pF）	0.05	0.06	0.11	0.13	0.18	0.21
母线（m）	$1.7×10^{-4}$	$2×10^{-4}$	$0.32×10^{-3}$	$0.39×10^{-3}$	$0.54×10^{-3}$	$0.65×10^{-3}$

表 3–5   300～550kV 的容性充电电流

设备类型	容性电流（A）					
	300kV		420kV		550kV	
	50Hz	60Hz	50Hz	60Hz	50Hz	60Hz
TA	≤0.05	≤0.06	≤0.08	≤0.09	≤0.1	≤0.12
CVT（4000pF）	0.22	0.26	0.3	0.37	0.4	0.48
母线（m）	$0.66×10^{-3}$	$0.8×10^{-3}$	$0.84×10^{-3}$	$1.0×10^{-3}$	$1.1×10^{-3}$	$1.3×10^{-3}$

表 3-6			800～1200kV 的容性充电电流			
设备类型	容性电流（A）					
	800kV		1100kV		1200kV	
	50Hz	60Hz	50Hz	60Hz	50Hz	60Hz
TA	≤0.15	≤0.18	TBD	TBD	TBD	TBD
CVT（5000pF）	0.72	0.87	1.0	1.2	1.1	1.3
母线（m）	$1.8×10^{-3}$	$2.2×10^{-3}$	$2.5×10^{-3}$	$3.0×10^{-3}$	$2.8×10^{-3}$	$3.3×10^{-3}$

表 3-7		IEC 标准中规定的母线充电电流				
额定电压 U_r（kV）	72.5	126	252	363	550	800
母线充电电流有效值（A）	0.1	0.1	0.25	0.5	0.5	0.8

注　实际上，这些值一般是不会超过的。它们适用于 50Hz 和 60Hz。如果实际需要其他更高的数值，则这些数值应由用户和生产厂家的协议确定。

表 3-8		DL 标准中规定的母线充电电流					
额定电压 U_r（kV）	72.5	126	252	363	550	800	1100
母线充电电流有效值（A）	0.2	0.5	1	2.0	2.0	2.0	2.0

注　实际上，这些值一般是不会超过的，它们适用于 50Hz。如果实际需要其他更高的数值，则这些数值应由用户和生产厂家的协议确定。

如果使用了光电互感器，将会有与支柱绝缘子大约相同的电容，即大约 50pF，相关的容性充电电流可以忽略。

空气绝缘隔离开关容性小电流的开断能力与它的分闸速度密切相关，电弧的熄灭是靠动静触头之间的距离不断加大而将电弧不断拉长，最后当恢复电压不会再使电弧重击穿时，则电弧熄灭。空气中燃烧的电弧是"开弧"，其熄灭过程是多次熄弧而又多次重击穿的过程，重击穿次数的多少和燃弧时间的长短取决于电源侧电容 C_S 和负荷侧电容 C_L 的相对值，当电源侧电容与负荷侧电容比值小于 1 时，可能会出现较长的燃弧时间。用空气或气体绝缘隔离开关开断一个母线段时，在电弧熄灭过程中将会发生几十次，甚至上百次的重击穿和复燃现象。在变电站的接线中，绝大多数情况下，$C_S/C_L=0.1$。空气中的"开弧"是靠电弧的拉长和电弧的游动去游离，电弧的熄灭取决于断口开断的增长速度和在电动力及风力作用下的延伸长度。分闸速度决定了断口开距的增长速度，对于大气中"开弧"的熄灭时间，如果不考虑环境条件的影响，有一个最短燃弧时间，这个最短燃弧时间对应于隔离开关有一个最佳分闸速度，分闸速度过快或过慢对其开断能力均不利，而且开断时过电压也较高。速度过慢，断口间的开距在一定时间内就小，其断口间绝缘强度就低，熄弧能力差，会导致重击穿次数增长而延长燃弧时间，且触头的烧损严重。如果速度过快，虽然在一定时间内断口的开距大了，但是电弧的游动和伸长不充分，使得电弧熄灭的速度并不能加快。高压交流隔离开关的分合闸速度最佳值随其结构形式、操动机构的形式和安装方式的不同而不同，最佳分闸速度要通过多次的开断试验来确定。一般认为空气绝缘隔离开关的分闸速度取 1m/s 左右可能比较合适。

气体绝缘隔离开关的开断过程与空气绝缘隔离开关相比，其主要特征是在具有一定压力的 SF_6 气体体内进行的，在分、合过程中，电弧和接地外壳间的电场强度很高，电容电流大，如果是气体绝缘封闭母线段，其暂态电压和电流的上升速度极高，从而形成特高频瞬态电压（VFTO），会对隔离开关、变压器及其他设备造成危害，同时行波的传播和暂态过电压还会对控制和二次回路产生严重的干扰。为了增强气体绝缘隔离开关的小电流开合能力，一般不使用慢速动作的隔离开关，因为在较长的分闸时间内，将会使燃弧时间加长，重击穿次数增多，而暂态过电压也会增高。使用快速动作的隔离开关可以增加其开断能力，缩短燃弧时间，减小触头烧损，降低暂态过电压。特高压气体绝缘隔离开关为了提高开合性能，除了提高其分合闸速度外，还可以适当增设消弧线圈或简单的气吹装置以增强开断能力，为了抑制切合母线段充电电流所产生的 VFTO 也可以增设分合闸电阻。一般快速动作的隔离开关，分合闸速度控制在 2m/s 左右比较合适，分合闸电阻选用 500Ω即可。

九、开断和关合感性小电流的性能

运行中的隔离开关在某些情况下可能需要进行空载变压器或者电磁式电压互感器的投切操作，因此需要具有一定的开合感性小电流的能力。IEC 62271–102 中没有规定隔离开关开合感性小电流能力的要求，我国电力行业标准 DL/T 486—2010 中规定 126～363kV 为 0.5A，550～1100kV 为 1A。

隔离开关开合感性小电流时如果发生截流也会发生多次熄弧和重击穿现象，但由于电流很小，电磁能量很低，过电压不高，它不会产生像开断容性小电流时的特高频过电压和波的反射过程，只要动静触头到一定的开距，电弧被拉伸到一定的长度，电弧就能可靠熄灭。对于气体绝缘隔离开关，一般也是尽量使用快速动作的隔离开关较好。

对于用隔离开关进行空载变压器或电磁式电压互感器的投切，目前电力系统的要求并不迫切，因为一般电压互感器均采用固定连接，而空载变压器的合闸由于有涌流的发生一般也不用隔离开关进行开合操作。所以对隔离开关应具备开合感性小电流能力的必要性值得研究。

十、接地开关关合短路电流的性能

为了防止由于带电合接地开关的误操作而产生人身和设备的安全事故,在某些情况下,要求接地开关要具有关合短路电流,直至额定短路关合电流的能力。具有短路电流关合能力的接地开关一般均为快速接地开关,通常采用弹簧储能自动关合的操动机构。标准中将具有短路关合性能的接地开关分为三级,即 E0 级、E1 级、E2 级,E0 级适用于在输、配电系统中不要求具备短路关合能力的接地开关,E1级适用于在输、配电系统中要求具备短路关合性能的接地开关,它在额定短路关合电流下能够经受两次并合操作,E2 级一般用于 35kV 及以下系统中要求具备短路关合性能的接地开关,它可以经受五次短路关合额定短路电流的能力。

十一、接地开关开断和关合感应电流的性能

当架空输电线路为同塔多回布置或虽非同塔但相邻线路平行架设并且相距较近时,在停电的输电线路上进行接地开关分合闸操作时,将会有电流通过,这是带电运行的相邻线路的电磁感应和静电感应而产生的。因此用于这些线路接地的接地开关应具有关合和开断相应的感应电流和承受相应的感应电压,并能持续地承载容性和感性感应电流的能力。

电磁感应电流的产生:当停电的输电线路的一端已经接地,而与之平行或相邻的输电线路带电时(平行或相邻的输电线路可能是一条,也可能是多条,电压可能与停电线路相同,也可能不同),当另一端的接地开关与地接通或断开时,接地开关就要开合感性感应电流。两端均已接地的停电线路上的感性电流的大小取决于带电线路中电流的大小、带电线路的数量与带电线路平行布置的长度和与带电线路的耦合因数,耦合因数由杆塔上的线路布置情况来确定。当线路另一端已经接地时,跨接在线路一端且处于分闸位置的接地开关上的感性电压取决于带电线路中电流的大小、带电线路的数量、与带电线路平行布置的长度和与带电线路的耦合因数。

静电感应电流的产生:当停电的输电线路一端开路,而与之平行或相邻的输电线路带电时,另一端的接地开关与地接通或断开时,接地开关就要开合容性感应电流。一端接地的停电线路上的容性电流取决于带电线路的电压高低、带电线路的数量、与带电线路平行布置的长度和与带电线路的耦合因数。当线路另一端开路时,跨接在线路一端且处于分闸位置的接地开关上的容性电压取决于带电线路的电压高低、带电线路的数量、与带电线路平行布置的长度和与带电线路的耦合因数。

总结上面所说的电磁感应和静电感应的电流和电压，可以简单地归结为：电磁感应是在停电线路一端已经接地的情况下，操作另一端合、分时将产生感性电流和电压；静电感应则是在停电线路一端处理分闸状态时，操作另一端合、分时将产生容性电流和电压。

IEC、GB 和 DL 标准均规定了额定电压 52kV 或 72.5kV 及以上电压等级的接地开关开合感应电流的额定值，表 3–9 为 DL/T 486—2010 规定的数值。额定电压 40.5kV 或 52kV 及以下的接地开关偶尔也可能要求开断和关合感应电流，这需要用户和生产厂家协商。额定电压 1100kV 接地开关开合感应电流的要求尚未列入已经颁发的标准中，根据我国皖电东送 1000kV 输变工程为同塔双回路架设的实际情况，根据计算，电磁感应电流为 360A（有效值）、电磁感应电压为 30kV（有效值），静电感应电流为 50A（有效值）、静电感应电压为 180kV（有效值）。皖电东送线路额定电流为 6300A、相对地电压 635kV、淮南—皖南 340.1km、皖南—浙北 153km、浙北—沪西 162.9km。皖电东送是我国 1000kV 输电线路第一条同塔双回输电线路，在以后的工程中可能还会使用同塔双回线路，其感应电流和电压则取决于线路的额定电流、线路长度以及与导线布置等有关的耦合因数。

表 3–9 将接地开关开合感应电流定为 A 类和 B 类两类，A 类用于耦合较弱或平行线路较短的线路，B 类用于耦合强或平行线路较长的线路。但是，在某些情况下，例如，接地线路与带电线路平行架设或同塔架设的距离很长时、带电线路运行电压比接地线路高或者带电线路数量较多且负荷电流很大时，其感应电流和感应电压均可能高于表 3–9 中的 B 类。对于这种情况，用户需与生产厂家协商，例如，在我国的输变电工程中，550kV 的电磁感应电流已经达到 250A，电磁感应电压为 30kV，静电感应电压达 60kV；800kV 的电磁感应电流达 400A，电磁感应电压 35kV，静电感应电流达到 100A 而电压达 100kV。

表 3–9　　　　　　　　接地开关的额定感应电流和电压的标准值

额定电压 U_r（kV）	电 磁 耦 合				静 电 耦 合			
	额定感应电流（A，有效值）		额定感应电压（kV，有效值）		额定感应电流（A，有效值）		额定感应电压（kV，有效值）	
	类　别		类　别		类　别		类　别	
	A	B	A	B	A	B	A	B
72.5	50	100	0.5	4	0.4	2	3	6
126	50	100	0.5	6	0.4	5	3	6
252	80	160	1.4	15	1.25	10	5	15
363	80	200	2	22	1.25	18	5	22

额定电压 U_r（kV）	电 磁 耦 合				静 电 耦 合			
	额定感应电流（A，有效值）		额定感应电压（kV，有效值）		额定感应电流（A，有效值）		额定感应电压（kV，有效值）	
	类　别		类　别		类　别		类　别	
	A	B	A	B	A	B	A	B
550	80	200	2	25	2	25，50	8	25，50
800	80	200	2	25	3	25，50	12	32
1100	80	360	2	30	3	50	12	180

　　为了节约用地，同塔架设双回路或多回路，同塔架设多回不同电压输电线路的情况已经比比皆是，我国多回 500kV 已经有同塔四回路，而不同电压等级同塔架设 6～8 回路也很多。为此，要求接地开关具备开合感应电流的能力已经是极为普通的技术要求，并已成为必备的技术性能。

十二、严重冰冻条件下的分合闸破冰性能

　　运行在低温地区的高压交流隔离开关和接地开关，在某些大气条件下可能发生覆冰厚度超过 1mm 而达到 10mm 或 20mm 的冰冻情况，冰的形成有时可能会造成隔离开关和接地开关的操作困难，分不了闸或合不上闸，导致电力系统运行困难。因此，运行在低温地区的隔离开关和接地开关必须具备两个性能，其一为在最低周围空气温度下能够顺利进行分合闸操作，其二为在厚度为 10mm 和 20mm 的固态透明的覆冰状态下能够顺利地进行分合闸操作，确保使其到达最终的合闸位置或分闸位置，并且不会发生妨碍其机械或电气性能的损坏。

　　应该强调，对于基本全部裸露在大气中的隔离开关和接地开关，低温下的机械操作性能和破冰性能是其运行在寒冷地区和冰灾多发地区非常重要的技术性能，因为它们不但触头上要结冰，同时各个活动连接部位也要结冰，这会给它们的分合闸操作带来极大的阻力，有时非但不能分、合闸，甚至会在操作中导致支持绝缘子断裂事故，如果发生分合闸不到位也会严重影响系统的安全运行，尤其是在冰灾时期，后果更为严重。2008 年年初我国长江以南发生的冰灾提醒了运行部门和生产厂家，产品的设计和选用要充分考虑低温和冰雪的影响，必须确保具有抗低温和破冰的技术性能，并且要进行相应的试验考核。

十三、对支柱绝缘子技术性能的要求

　　多年来，高压交流隔离开关所使用的支持和操作绝缘子，均是按照高压支柱绝

缘子的相应技术条件、尺寸和特性等标准生产的瓷质支柱绝缘子。这些支柱绝缘子的主要用途是对一般电气设备和母线等起支撑和绝缘作用,因此标准中对这些用途的支柱绝缘子技术和质量要求水平并不太高,同轴度、直线度、平行度的偏差大,抗弯和抗扭强度分散性大,喷砂、水泥胶装和金属附件的工艺要求低。总体来说,按照主要起支撑作用和绝缘作用生产的瓷支柱绝缘子的质量水平,由于不能满足既起支持作用又起传动和操作作用的隔离开关的质量要求,使其严重影响了高压交流隔离开关的质量水平和运行可靠性。根据原国家电力公司高压交流隔离开关完善化工作组于 2002 年在全国电力系统的调查,隔离开关支持和操作绝缘子断裂的主要原因之一是瓷支柱绝缘子的制造质量不良、公差配合过大、设备长期承受额外弯矩、操作力矩大等原因。为此,原国家电力公司于 2003 年组织编写了《高压交流隔离开关和接地开关用瓷绝缘子技术要求》,作为 40.5~1100kV 隔离开关和接地开关专用的支柱及操作瓷绝缘子的订货和验收依据。提高对支柱绝缘子的技术要求和质量要求,将会对确保隔离开关和接地开关的整体技术性能和质量水平起到重要的保证作用。此技术要求已被纳入 DL/T 486—2010 标准中。

第四章

高压交流隔离开关和
接地开关的试验

第一节 型 式 试 验

一、概述

高压交流隔离开关和接地开关的型式试验是为了验证所设计和制造的样机是否符合高压交流隔离开关和接地开关标准和实际运行工况的要求，以确定其能否定型生产和实际使用。型式试验的样机应包括隔离开关和接地开关的本体、操动机构、其他辅助和控制设备以及与其配套使用的故障监测、诊断和智能化设备。型式试验的项目和参数的要求应该根据高压交流隔离开关和接地开关的实际使用工况选定，同时也要适当考虑由于长期运行可能对其性能带来的影响。型式试验的水平只代表产品的设计水平，它与正常生产的产品质量没有直接关系，反映不了产品的质量水平。正常生产的产品，应该确保与已经通过型式试验的样机的技术性能相一致，以确保批量产品的技术性能。

在下述情况下，高压交流隔离开关和接地开关应进行型式试验：

（1）新设计和试制的产品，应进行全部规定的型式试验。

（2）转厂和易地生产的产品，应进行全部规定的型式试验。

（3）当生产中的产品在设计、工艺、生产条件或使用的关键材料、关键零件发生改变而影响到产品性能时，应进行相应的型式试验。

（4）正常生产的产品，每隔八年应进行一次温升、机械寿命、短时耐受和峰值耐受电流试验，其他项目的试验必要时也可以抽试。

（5）不经常生产的产品（停产三年以上）再次生产时应按（3）的规定进行验证试验，对系列产品或派生产品，应进行相关的型式试验，有些试验可引用相应的有效试验报告。

上述规定中，除（1）、（3）外，是我国国家标准 GB 11022—2011《高压开关设备和控制设备标准的共用技术要求》、GB 1985—2014 和电力行业标准 DL/T 593—2006 在 IEC 62271-1 和 IEC 62271-102 的基础上另行增加的规定，其目的是要确保产品在不同的生产时期、不同的生产厂家和不同的生产地区均能符合标准规定的技术性能，从生产源上确保产品的生产质量和运行可靠性。

型式试验可以在一个试品上进行，也可在多个试品上进行，也可以分为几组进行，但不能超过四个试品。可以分为几组和在几个试品上进行试验，以方便工厂和试验室的试验安排，其原则是相互有影响的试验项目应在同一台试品上进行试验。用几个试品进行型式试验要根据产品的类型、试验项目的数量、试验的风险和计划进行试验的地点等因素来确定。型式试验也可以在不同的试验室进行不同的试验项目，但相互之间有影响的试验项目不能分开在两个试验室进行试验。

所有的型式试验原则上应在装配完整的隔离开关和接地开关上进行，试品应处在完全与运行条件相同的安装状况和技术条件下，并配装它的操动机构和所有的辅助和监控设备。如果标准中规定了在某项试验过程中可以进行维护或检修，生产厂家可以按照规定进行允许的维修或零部件的更换。

高压交流隔离开关和接地开关的型式试验属于鉴定性试验，试验结果将决定产品是否可以投入生产和上网运行。因此，型式试验必须在有相应试验资质和使用部门认可的试验室进行，生产厂家不能在自己的试验室为自己的产品进行型式试验，即使具有相应试验资质和认可，它只能对第三方的产品进行型式试验，以确保试验的公正性。生产厂家应该向试验室提交必需的图样和资料，同时应该向试验室提供一份信誉声明，即要保证送交的图样和资料均为正确版本且确实与受试隔离开关和接地开关相符，而且要保证是生产厂家自己试制的试品。试验室应该确认生产厂家确认提供的图样、资料确实代表了受试的隔离开关和接地开关的部件和零件，而且是生产厂家自制的全新样机。确认试品的真实性是各试验室应该履行的一项责任和义务。确认完毕后，试验室应保留图样和资料清单，并将零件图和其他资料归还生产厂家封存。标准中规定了为确认试品的主要零部件需要向试验室送交的图样和资料。

型式试验完成后，试验室应为生产厂家出具一份具有相应资质和认可标志的型式试验报告。型式试验报告应该包括足以确认被试隔离开关和接地开关的主要部件的资料，如受试的型号、出厂编号、制造日期、额定特性、主要零部件的生产厂家和额定值、配用的操动机构的型式和生产厂家等。型式试验报告应包含所有型式试验的结果、试验过程中的表现、试验过程中的维修和更换情况、代表性的试验实测示波图和试验设备、接线图等。型式试验报告内的数据和波形图应该足以证明试品符合相应标准和技术条件的规定，并做出试验合格的明确判定。

对于试验时所用的支柱绝缘子和操作绝缘子，应在试验报告中写明：额定弯曲强度和扭转强度、元件的高度和数量、爬电距离和伞型。

在绝缘试验报告中，应包括位置指示或位置信号发出分闸位置信号时所对应的最小间隙数值，应写明试验时的间隙和对地高度的最小尺寸，以及绝缘部件对地的最低距离。

在短路试验报告中，应包括：被试设备与试验回路之间的机械和电气连接的详细资料，包括端子上的静态机械负荷和连接导体尺寸；采用的安装方案；单柱式设备的静触头与上方导线安装方式；三极共用一个操动机构时，操动机构的布置方式；试验前、后的接触电阻和触头压力。

二、试验项目和试验要求

按照相关标准的要求，高压交流隔离开关和接地开关的型式试验项目如下：
——绝缘试验；
——无线电干扰电压（RIV）试验；
——回路电阻的测量；
——温升试验；
——短时耐受电流和峰值耐受电流试验；
——防护等级检验；
——密封试验；
——电磁兼容性（EMC）试验；
——辅助和控制回路的附加试验；
——接地开关短路关合性能试验；
——机械操作和机械寿命及联锁功能试验；
——极限温度下的操作试验；
——严惩冰冻条件下的操作试验；
——位置指示装置的功能试验；
——隔离开关开合母线转换电流试验；

——接地开关开合感应电流试验；

——隔离开关母线充电电流开合能力试验；

——隔离开关小电感电流开合能力试验；

——外壳的压力耐受试验；

——内部故障电弧试验；

——抗震试验。

1. 绝缘试验

绝缘试验用于验证产品的绝缘性能是否达到设计和标准要求的绝缘水平。试验内容包括干耐压和湿耐压、短时工频耐压、雷电冲击耐压、操作冲击耐压试验，局部放电试验，对地、相间和断口间的耐压试验，绝缘子的人工污秽试验等。绝缘试验时，绝缘件外表应处于清洁状态，其高度和电气距离均为生产厂家规定的最小尺寸，如果是气体绝缘隔离开关和接地开关应为规定的最低功能压力。

绝缘试验对不同的额定电压范围有不同的要求，对于额定电压 $U_r \leqslant 252\text{kV}$ 的隔离开关和接地开关，只进行工频电压和雷电冲击电压试验，对户外断路器还应进行工频电压湿试，现行电力行业标准规定的额定绝缘水平如表 2–4 和表 2–5 所示；对于额定电压 $U_r > 252\text{kV}$ 的隔离开关和接地开关，要进行工频、雷电冲击和操作冲击 3 项电压试验，对户外产品还应进行操作冲击电压湿试。高压交流隔离开关和接地开关的内、外绝缘对地及断口间和相间的绝缘水平是影响隔离开关和接地开关电气绝缘性能的关键技术参数，也是影响隔离开关和接地开关安全运行的关键因素之一。电力行业标准根据多年的运行经验所规定的额定绝缘水平有的比 IEC 所规定的数值高，尤其是 40.5kV 及以下和断口间的绝缘水平较高。虽然 DL/T 593—2006 中规定的额定绝缘水平有两档，但目前订货时要求的是高一档的参数，尤其是断口间的反相电压值均为 100% 的相电压值，也就是所有高压交流隔离开关和接地开关，加在对侧端子上的电压均为 100% 的工频相电压有效值或工频电压峰值。使用部门使用时，工频耐受电压、操作冲击耐受电压和雷电冲击耐受电压应在同一水平标志线上选取，额定绝缘水平用相对地额定雷电冲击耐受电压来表示。IEC 标准对于 72.5kV 及以下所规定的额定绝缘水平有两个系列，系列 I 是对中性点有效接地系统规定的额定绝缘水平，而系列 II 则为根据某些国家的标准而规定的额定绝缘水平，主要是根据北美一些国家对中性点绝缘系统所规定的数值。我国 72.5kV 及以下系统均为中性点非有效接地系统，因此其绝缘水平高于 IEC 标准中系列 I 的规定数值，而与 IEC 系列 II 规定的数值相当。在中性点非有效接地系统中，发生单相接地故障时，系统可以持续运行两小时或者更长，这取决于寻找故障点的情况，系统在单相接地运行期间，两个健全相的电压为线电压，因此，如果发生过电压，应以线电压为基础，故其绝缘水平应比接地系统高出 $\sqrt{3}$ 倍左右。对于 252kV 及以下的额定绝缘水平，标准中只规定了额定短时工频耐受电压和雷电冲击耐受电压，而对于 252kV 以上的产品，则增加了操作冲击耐受电压。高压交流隔离开关和接地开关的相对地的绝缘水平，包括工频对地、操作冲击对地和雷电冲击对地，是其基本的绝缘水平。三种不同波形的耐受电压代表了设备的不同耐受能力。工频短时耐受电压是为了检验内、外绝缘，尤其是内绝缘对暂态过电压的承受能力；操作冲击耐受电压是为了检验设备在系统中发生操作而产生操作过电压时所能承受的能力；而雷电冲击耐受电压则是考验设备遭受雷击时的承受能力。对于 252kV 及以下的设备，由于绝缘水平主要决定其雷电冲击过电压，为了简化试验，由工频耐受电压试验代替操作冲击耐受电压试验，因此对于这一范围内的电气设备，其工频试验电压值可能比系统中可能出现的暂态工频过电压高，其原因就是考虑到设备对操作冲击的耐受能力。但是在 220kV 以上超高压和特高压系统中，研究证明操作过电压将对绝缘水平起决定性作用，因此必须进行操作波试验考核。

隔离开关在断开位置时必须保证在任何情况下不发生断口间的绝缘击穿，这是对隔离开关最基本的要求。隔离开关在分闸位置时，可能正好为与其极性相反的工频电压，此时断口要起到安全隔离的作用，就必须能耐受断口间反相电压的作用，断口一侧为暂态过电压、操作过电压或雷击过电压，而另一侧为 100% 的工频反相电压。为了保证断口绝缘的可靠性，电力行业标准中规定的反相电压分为两挡，一挡为 0.7 倍相电压，另一挡为 1.0 倍相电压，而 IEC 对工频和雷电冲击的反相电压只要求 0.7 倍相电压。如果假设 1.0 倍相电压的击穿概率为零，0.9 倍相电压的击穿概率约为 0.144，0.7 倍约为 0.253，而 0.5 倍约为 0.333。显然，反相电压取 1.0 倍相电压的击穿电压概率明显低于采用 0.7 倍相电压的击穿概率。

表 2-4 和表 2-5 所规定的耐受电压是在标准参考大气条件［温度（20℃）、压力（101.3kPa）、湿度（$11g/m^2$）］和海拔不超过 1000m 时所使用的试验电压值，如果在试验室试验时的实际大气条件与参考标准大气条件不同，应该按照相关标准进行修正。高海拔只对高压断路器的外绝缘产生影响，而且只对空气间隙，即干弧距离产生影响，海拔修正对内绝缘和爬电距离不产生影响。只有对于内绝缘的隔离开关和接地开关，周围大气条件不产生影响，不需要进行修正。

断口间的绝缘试验，原则上应该在断口两端分别施加试验电压，这也符合实际运行工况。但是，如果受试验条件限制或为了简化试验，也可以将两端的耐受电压相加施加在一端，而另一端接地。这种等效的试验方法要比两端加压苛刻，征求工厂同意后方可实施。一端加压试验时，试验电压会超过试品的对地试验电压，为了防止对地发生闪络，应将试品与地绝缘，使其对地之间应能耐受相电压以上的有效值和峰值电压的作用。

高压交流隔离开关和接地开关的绝缘试验，对于非自恢复的外绝缘和所有内绝缘，不得发生破坏性放电。对于自恢复外绝缘，如果湿试时发生破坏性工频湿放电，可以在相同试验状况下重复进行一次试验，如果不再发生放电，可以认为通过了试验。雷电或操作冲击耐受试验，每个系列至少进行 15 次试验，对于自恢复外绝缘允许发生 2 次破坏性放电，但是，在最后一次发生破坏性放电后的连续 5 次试验不得再发生破坏性放电，也就是说，所允许的 2 次放电要在 15 次试验的前 10 次发生，如果在后 5 次里发生了第一次放电或者第二次放电，则要再继续进行 5 次试验，且不得发生放电。此试验要求，在允许 2 次放电的情况下，可能会使冲击试验最多进行 25 次。这种情况就是，在第 15 次时发生了第一次破坏性放电，继续进行试验，而在第 20 次时发生了第二次破坏性放电，再进行 5 次试验而未发生放电。

用于污秽地区的外绝缘应按规定确定其绝缘子的爬电比距和爬电距离，同时还应进行污秽试验，只是爬电距离满足要求并不能代表其防污性能达到了试验要求，因为绝缘子的伞型、伞径、伞距、大小伞的直径差和伞距的比值等均会影响其污秽放电特性。用于户内的 40.5kV 及以下的隔离开关和接地开关，其对地绝缘子和传动拉杆除应按规定确定爬电距离外，还应在凝露条件下进行工频和雷电冲击耐受试验。

在绝缘试验中还有一项非常重要的耐压试验，即"作为状态检查的电压试验"，其目的是检验设备在关合、开断或者机械寿命、电寿命试验后，断口间或者还有对地的绝缘性能是否还能保证设备仍能继续运行。对高压交流隔离开关和接地开关进行机械寿命或环境试验后，如果断口间的绝缘性能不能通过外观检查充分验证其完好性时，应对断口进行工频耐受电压试验，试验电压为 100%的断口耐压值。对 GIS 中的隔离开关和接地开关还要进行合闸对地试验。对气体绝缘的高压交流隔离开关和接地开关进行关合、开断或开合试验后，当 $U_r \leqslant 72.5kV$ 时应进行 1min 工频电压试验，如当 $72.5kV < U_r < 252kV$ 时应进行雷电冲击电压试验，当 $U_r \geqslant 363kV$ 时应进行操作冲击电压试验。操作冲击电压试验时，冲击电压的波形可以是标准的操作冲击波，也可以是按照断路器出线端故障试验方式 T10 规定的 TRV 的波形，其电压峰值为标准中规定的数值。每一极性施加 5 次冲击，不得发生破坏性放电。

对 GIS 中的隔离开关应进行局部放电试验，局部放电试验应在工频、雷电和操作冲击耐压后进行，也可以和工频耐压试验一起进行。在 1.2 倍额定相电压下，5min 后进行局部放电测量，部件局部放电值应不大于 3pC，整机局部放电值不大于 5pC（试验环境的背景局部放电值应不大于规定值的 50%）。

高压隔离开关和接地开关的辅助和控制回路的绝缘试验是进行 2000V、1min

的工频耐压试验，不得用点试代替。

2. 无线电干扰电压（RIV）试验

无线电干扰电压试验的目的是测量 126kV 及以上高压交流隔离开关和接地开关在运行中可能发生的外部电晕放电，确定无线电干扰随电压变化的特性曲线，并要求在 $1.1U_{\mathrm{r}}/\sqrt{3}$ 下无线电干扰电平不超过规定值，在晴天夜晚无可见电晕。为了尽量降低高压开关设备的无线电干扰电平，改善变电站和发电厂的电磁环境，电力行业标准 DL/T 593—2006 将 IEC 标准中规定的 $1.1U_{\mathrm{r}}/\sqrt{3}$ 下无线电干扰电平不超过 2500μV 提高为不超过 500μV。目前我国 1100kV 及以下隔离开关均能达到这一要求。对于隔离开关和接地开关而言，使其无线电干扰电平不超过 500μV 的难度要大于相同电压等级的断路器，因为它的动、静触头和导电杆是裸露的。无线电干扰电压试验应采取适当措施保证试验室的无线电干扰的背景电平比规定的无线电干扰电平至少低 6dB，最好低 10dB。试验时可将绝缘子擦拭干净，以免其上的纤维和灰尘产生影响，试验时的相对湿度不要超过 80%。无线电干扰电压试验回路如图 4-1 所示。

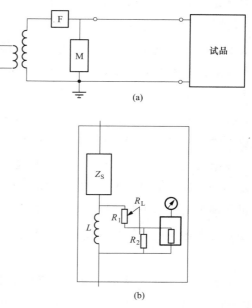

图 4-1　无线电干扰电压试验回路图
（a）试验回路；（b）图（a）中 M 的内部结构图

3. 回路电阻的测量和温升试验

高压交流隔离开关的主回路电阻应该在温升试验前和试验后各测量一次。温升试验前的测量数据作为温升试验的基础数据，并将作为将来产品批量生产时的出厂试验比较值。温升试验后进行回路电阻测量的目的是判断温升试验前后回路电阻的变化是否符合标准中规定的不超过 20%。回路电阻应该用直流电流测量两个端子间的电压降低或电阻，试验电流应该取 100A 到额定电流之间的任一电流值。应根据主回路的额定电流适当选择试验电流值，经验表明，仅凭主回路电阻增加不能确定是接触或连接不好，应该使用更大的试验电流或更接近额定电流的试验电流再进行测量。为了避免回路电阻测量出现虚假现象，我国电力系统规定，高压交流隔离开关主回路电阻不得使用电桥法测量，试验电流一般不得小于 100A，对特高压开关设备不得小于 300A，型式试验和出厂试验应采用同一电流值。生产厂家确定产品回路电阻值的依据，应该是温升试验前所测得的回路电阻值，不能随意确定大于型式试验时所测电阻之值。

温升试验用于考核产品能否满足在额定工作电流条件下长期运行而温升不超过标准中的规定。按照标准中的要求，主回路的温升试验应在装有清洁触头的新隔离开关上进行，对于 GIS 中的隔离开关应是最低功能压力的绝缘气体。也就是说，温升试验的结果只适用于新隔离开关，而对运行中已经使用多年的隔离开关是没有保障的，这种型式试验对于用户而言，只能是一个参考，因为它的试验条件与设备的实际运行工况完全不同。隔离开关载流能力的设计应该考虑两个因素的影响，其一是对户外设备要考虑夏日阳光辐射所带来的影响，其二是经过运行后，触头可能由于开断小电流而被烧蚀，同时会被氧化和污染，这会比全新触头的接触情况大大劣化，从而影响其载流能力。为此，隔离开关的载流能力设计必须留充分的裕度，以保障运行设备的载流能力。隔离开关设计的载流能力应该留有多大裕度要由生产厂家根据额定电流的大小来决定，但是一般不应小于 110%，因为电力行业标准规定温升试验的电流为 1.1 倍额定电流。应该强调，高压交流隔离开关在运行中发生过热现象远远多于断路器，为了保证其在运行中的载流能力，除要加大设计裕度外，还要提高触头之间的配合质量，保证触头弹簧压紧度，提高镀银层的硬度和触头的防污能力。

温升试验应在基本上没有空气流动的试验室内进行，空气流动速度不应超过 0.5m/s，试验时周围的空气温度应高于 10℃。温升试验时高压交流隔离开关的安装应和运行时的工况相同，三极断路器应进行三相温升试验，如果极间的影响可以忽略，试验也可以在单极上进行，但对于三相共箱的气体绝缘金属封闭隔离开关应进行三相试验。对于额定电流 630A 及以下的隔离开关，可以将三极串联起来进行单相试验。如果隔离开关的对地绝缘对温升没有明显的影响，根据试验室的情况可以降低其安装高度。温升试验时连接到主回路的试验接线应不会明显地将被试设备的热量导出或向被试设备传入热量，其标志是主回路端子处和距端子 1m 处连接线的温差不得超过 5K。为了使温升达到稳定状态，温升试验必须持续足够长的通流时间。所谓稳定状态就是在 1h 内温升的增加不超过 1K，一般通流时间达到受试设备热时间常数的 5 倍时就可以达到稳定状态。除了要求测量设备的热时间常数的情况外，可以用大于试验电流的电流进行预热以缩短试验时间。

高压交流隔离开关的温升试验电流应为 50Hz 的正弦波，允许偏差为−5%～+2%。对于邻近载流部分没有铁质元件的隔离开关，如果在 50Hz 下进行温升试验时的实测温升值未超过最大允许值的 95%，可以认为它满足了 60Hz 下的载流性能；如果设备在 60Hz 下通过了试验，其结果完全满足 50Hz 下的载流性能。通俗地说，在额定电流相同的情况下，60Hz 的温升试验可以覆盖 50Hz 的试验，50Hz 的温升试验只有实测温升低于允许温升的 95%时才能认为与 60Hz 试验等价。

高压交流隔离开关的辅助和控制设备的温升试验应使用规定的交流或直流电源，交流电源应为额定频率（允差–5%～+2%），试验应为额定电源电压或额定电流，交流电源为正弦波。

高压开关设备和控制设备各种部件、材料和绝缘介质的最大允许温度和允许温升如表 2–3 所示。

4. 短时耐受电流和峰值耐受电流试验

高压交流隔离开关和接地开关进行短时耐受电流和峰值耐受电流试验的目的是检验其承载额定短路电流的能力，即通常所称的承载动、热稳定电流的能力，所以又叫动热稳定试验。峰值耐受电流试验用于考核隔离开关和接地开关在短路电流初始阶段具有 100%直流分量时能否耐受强大电流所产生的电动力的作用，所以又叫动稳定试验；短时耐受电流试验则用于考核隔离开关和接地开关在短路电流进入工频稳态电流之后的一段时间内触头系统和导电系统能否耐受短路电流的热作用，动、静触头之间是否会发生熔焊，所以又叫热稳定试验。在系统发生短路的过程中，动、热稳定电流是在一个故障过程中出现的两个阶段，因此，这两个试验应该一起进行。试验时隔离开关和接地开关应安装在自身的支架上，并装有自身的操动机构，应与运行时的状态完全相同，为适应母线转换电流或感应电流开合能力所需的附件应全部装好。为使试验结果具有通用性，试验时试品的布置应按标准中的规定进行布置，如果试验时采用软导线连接，则为隔离开关和接地开关的额定端子静态机械负荷。单柱式隔离开关或接地开关，静触头应反映由软母线或硬母线支撑时的最不利状况。试验前应进行几次空载分合闸操作并测量主回路的电阻。

动热稳定试验原则应进行三相试验，如果相间电动力的相互影响可以忽略，也可以进行单相试验，但对于三极共用一个操动机构的断路器必须进行三相试验。对于各极分设操动机构的设备，可以进行单相试验，既可以在相邻的两极上试验，也可以在相间距离最小的位置上装设返回导体的单极上进行试验。对于 40.5kV 以上的设备，如果是分相操作，可以不考虑返回导体的影响，但是试验时的这回线与试验极的距离不能比生产厂家规定的最小相间距离小。进行三相试验时，试验电流的交流分量应等于额定短时耐受电流的交流分量，峰值电流应不小于额定峰值耐受电流，而且最大峰值电流应该出现在任一边相上，单相试验的试验电流应分别等于或大于额定峰值耐受电流和短时耐受电流。动热稳定试验电流的持续时间应该不小于各电压等级隔离开关和接地开关规定的额定短路持续时间。如果受试验室条件的限制，在规定的短路时间内不能达到规定的试验电流的有效值和峰值时，允许降低试验电流的有效值并延长试验的持续时间，但峰值电流不得小于规定值，持续时间不得大于 5s，I^2t 值不小于额定短时电流的二次方与额定短路持续时间的乘积。为了尽快得到要求的峰值电流，可以提高试验电流值，并相应缩短试验电流的持续时间。如果试验室经多次试验难于同时满足动稳定电流和热稳定电流的要求，可以分别进行峰值耐受电流试验和短时耐受电流试验，但是峰值耐受试验电流的持续时间不应小于 0.3s，短时耐受电流试验可以降低试验电流。

高压交流隔离开关进行动热稳定试验时，不能发生任何部件的损伤，动、静触头不得分离，不能产生电弧。试验后如果主回路电阻比试验前增加了 10% 以上，则应补充测量触头和各活动连接的电阻，这些部件任一电阻值的增加不应超过试验前的 20%。

高压接地开关进行动热稳定试验时，不应产生明显的触头烧损或熔焊，如果有应进行第二次动热稳定试验，且不得进行检修。在第二次试验前应先进行空载操作，试验后如果接地连接保持完好，则认为通过了试验。触头只有轻微的熔焊是允许的，但它应能够在额定条件下用动力操作时，第一次就能分闸；用人力操作时，使用规定值的 120% 能够一次分闸。

对封闭式隔离开关和接地开关不能进行全面目测时，应进行状态检查的电压试验，触头的镀银层应完好。

敞开式隔离开关和接地开关为了满足在分闸位置时触头间应有符合规定的绝缘距离，其导电臂均较长，而且动、静触头大多采用闸刀式的嵌夹式结构，依靠触指弹簧夹紧动触头，整个主回路的活动连接也较多，所以动热稳定试验时产生的电动力和机械力均较大，对触头之间的电接触性能和热性能均有较高的要求，既不能发生触头间的分离，又不能产生熔焊，包括各个导电活动连接部分的部件。因此，相比于高压断路器，高压交流隔离开关和接地开关通过动热稳定试验的难度要大。

5. 防护等级检验

防护等级检验是为了检查高压交流隔离开关和接地开关操动机构箱的外壳防护等级以及外露的传动部件的防护等级是否满足产品技术条件的规定，能否有效防止人体接近外壳内的危险部件、防止固体异物进入壳内设备、防止由于水进壳内对设备造成有害影响、防止由于水进入活动连接构件内对传动机构的可靠动作造成影响、防止外物撞击对外壳造成损坏或影响其正常功能。防护等级用 IP 代码和 IK 代码表示，IP 代码表明外壳对人接近危险部件、防止固体异物或水进入的防护等级以及与这些防护有关的附加信息的代码系统。IP 代码的组成及含义如表 4-1 所示，它由代码字母 IP、第一位特征数、第二位特征数字、附加字母、补充字母组成。不要求规定特征数字时，可用"×"代替，附加字母和补充字母可以省略。高压交流隔离开关和接地开关的防护等级一般只用前两位特征数字，如 IP34，3 表示防止手持直径不小于 2.5mm 的工具接近危险部件，防止直径不小于 2.5mm 的固体异物进入外壳内；4 表示防止由于在外壳各个方向溅水时对设备造成有害影响。表 4–2 和表 4–3 为 GB 4208—2008《外壳防护等级（IP 代码）》中规定的第一位特征数和第二位特征数所表示的防护等级。IK 代码表示外壳对机械撞击的承受能力，它由代码字母 IK 和能量数字组成，数字能量单位为焦耳，如 IK09、IK10，09 和 10 表示碰撞能量为 10J 和 20J。表 4–4 为 IK 代码与其相应碰撞能量的对应关系表。

表 4–1　　　　　　　　　　　IP 代码的组成及含义

组　成	数字或字母	对设备防护的含义	对人员防护的含义
代码字母	IP	—	—
第一位特征数字	0	无防护	无防护
	1	$\geqslant \phi 50mm$	手背
	2	$\geqslant \phi 12.5mm$	手指
	3	$\geqslant \phi 2.5mm$	工具
	4	$\geqslant \phi 1.0mm$	金属线
	5	防尘	金属线
	6	尘密	金属线
第二位特征数字		防止进水造成有害影响	
	0	无防护	
	1	垂直滴水	
	2	15°滴水	
	3	淋水	—
	4	溅水	
	5	喷水	
	6	强烈喷水	
	7	短时间浸水	
	8	长期浸水	
附加字母（可选择）			防止接近危险部件
	A		手背
	B	—	手指
	C		工具
	D		金属线

续表

组　　成	数字或字母	对设备防护的含义	对人员防护的含义
补充字母		专门补充的信息	
	H	高压设备	—
	M	做防水试验时试样运行	
	S	做防水试验时试样静止	
	W	气候条件	

表 4-2　　　　　　　第一位特征数字所代表的防止固体异物进入的防护等级

第一位特征数字	简　要　说　明	含　　义
0	无防护	—
1	防止直径不小于 50mm 的固体异物	直径 50mm 球形物体试具不得完全进入壳内
2	防止直径不小于 12.5mm 的固体异物	直径 12.5mm 的球形物体试具不得完全进入壳内
3	防止直径不小于 2.5mm 的固体异物	直径 2.5mm 的物体试具完全不得进入壳内
4	防止直径不小于 1.0mm 的固体异物	直径 1.0mm 的物体试具完全不得进入壳内
5	防尘	不能完全防止尘埃进入，但进入的灰尘量不得影响设备的正常运行，不得影响安全
6	尘密	无灰尘进入

注　物体试具有直径部分不得进入外壳的开口。

表 4-3　　　　　　　　　第二位特征数字所代表的防护等级

第二位特征数字	简　要　说　明	含　　义
0	无防护	—
1	防止垂直方向滴水	垂直方向滴水应无有害影响
2	防止当外壳在 15° 范围内倾斜时垂直方向滴水	当外壳的各垂直面在 15° 范围内倾斜时，垂直滴水应无有害影响
3	防淋水	各垂直面在 60° 范围内淋水，无有害影响
4	防溅水	向外壳各方向溅水无有害影响
5	防喷水	向外壳各方向喷水无有害影响
6	防强烈喷水	向外壳各个方面强烈喷水无有害影响
7	防短时间浸水影响	浸入规定压力的水中经规定时间后外壳进入水量不致达有害程度
8	防持续潜水影响	按生产厂和用户双方同意的条件（应比防护等级 7 严酷）持续潜水后外壳进入量不致达有害程度

表 4–4   IK 代码及其相应碰撞能量的对应关系

IK代码	IK00	IK01	IK02	IK03	IK04	IK05	IK06	IK07	IK08	IK09	IK10
碰撞能量（J）	a	0.14	0.2	0.35	0.5	0.7	1	2	5	10	20

注 1. 如要求更高的碰撞能量，推荐取值 50J。

2. 有些国家标准使用一位数字表示规定的碰撞能量，为避免与之混淆，故特征数字选用两位数字表示。

3. a 为无防护。

IP 防护等级检验中，第一位数字代表对接近危险部件的防护等级和对固体异物进入的防护等级的试验，用标准中规定试具进行检验，而第一位数字为 5 和 6 的防尘试验应在防尘箱中进行。高压断路器 IP 防护等级的第一位数字一般使用到 4 即可，最高使用到 5，但必须考虑到箱体的通风设计，防止凝露或潮气排不出去。IP 防护等级的第二位数字代表防止水进入的试验，应按照高压开关设备和控制设备标准的共用技术要求中所规定的防雨试验方法进行。对于某些结构形式的隔离开关和接地开关，如单柱式的，可能还需要考核其活动连接部位的防水性能，或者还需要在分、合闸两种状态下进行防雨试验。IK 防护等级的检验则按选定的撞击能量采用撞击试验装置进行试验，外壳承受的撞击能量由锤头的质量和下落的高度所决定，下落高度为撞击锤升起位置和撞击点之间的垂直距离。如果防护等级为 IK10（20J），锤头的等效质量为 5kg，则下落的高度应为 0.4m，所产生的撞击能量为 20J，图 4–2 为撞击试验装置示意图。对于户内设备一般选用撞击水平为 IK07（2J），对户外设备至少为 IK10（20J）。

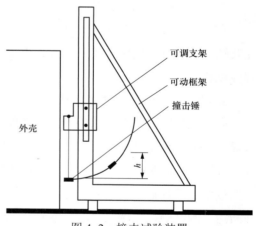

可调支架

可动框架

撞击锤

外壳

h

图 4–2 撞击试验装置

6. 密封试验

密封试验是为了验证高压交流隔离开关和接地开关所用气体的绝对漏气率（单位时间内气体的漏失量）是否满足规定的要求。密封试验应该在机械寿命试验前、后以及极限温度下的操作试验期间进行，设备要和运行使用时的工况相同，并且采用相同的流体，要在合闸位置和分闸位置进行，还应尽量测量在分、合闸进行过程中漏气量的变化，除非漏气率与主触头的位置或运动无关。触头在分、合闸过程中或者设备在极限温度下漏气率可能会暂时增大，但只要触头在静止状态下，或周围空气温度恢复到正常温度后，如果漏气率能够恢复到正常状态则是允许的。在极限温度下，气体系统允许的暂时漏气率可参考表 4–5。

表 4–5 气体系统允许的暂时漏气率

温度等级（℃）	允许的暂时漏气率	温度等级（℃）	允许的暂时漏气率
+40 和+50	$3F_p$	−5/−10/−15/−25/−40	$3F_p$
−5＜周围温度＜+40	F_p	−50	$6F_p$

封闭式隔离开关和接地开关应该采用扣罩法或局部包扎法测量在一定时间内的漏气量来检验其年漏气率。无论是扣罩法或局部包扎法，由于体积的计算和测量上的误差，使得检测结果均有相当大的误差，如果检测结果与规定值相差+10%以内，密封试验是认可的，而以前的规定可以有+50%的误差。采用扣罩法进行密封试验可能更为准确，因为它的容积是准确的，但是如果漏气率超标将不知在何处；采用固定容积的局部包扎法进行密封试验既可提高准确度，又可以发现漏气率超标的具体位置，应该推广这些检测方法。

7. 电磁兼容性（EMC）试验

高压交流隔离开关和接地开关是电力系统的安全设备，它不具备保护功能，因此其辅助和控制回路中一般不会包含电子设备或元件，因此无须进行相关的电磁兼容性试验。

8. 辅助和控制回路的附加试验

高压交流隔离开关和接地开关的辅助和控制回路，包括封闭式气体绝缘设备的故障探测和诊断等电子设备和元件，应进行附加试验以验证二次整套装置的可靠性。附加试验包括：验证辅助和控制回路功能正确性的功能试验，验证接地金属部件的接地连续性试验，验证辅助触头承载额定连续电流、承载额定短时耐受电流和开断能力的试验，环境试验，绝缘试验。高压交流隔离开关的辅助和控制回路的重要性虽然不能与断路器相比，但其二次回路的各种性能对主设备的运行可靠性的影响也是非常重要的，尤其是电动操动机构的电动机回路以及转换开关的可靠性会直接影响隔离开关和接地开关的动作可靠性。

9. 接地开关短路关合性能试验

对于具有短路关合能力的接地开关应进行短路关合性能试验，E1 级接地开关应进行二次关合试验，E2 级应进行五次关合试验。对于组合式接地开关，如果具有其他功能的短路关合性能，如负荷开关接地开关、断路器接地开关，则应先进行负荷开关和断路器标准中规定的短路关合试验，然后接着进行接地功能的短路关合试验，中间不得进行维修。

试验时，接地开关应按实际运行条件进行布置，操动机构按规定的连接方式操作，如果是电动、液压或气动操作的，应在最低电压或压力下进行试验。对充气的接地开关应在最低功能压力试验。

三极接地开关原则上应在三相试验回路中进行试验，但是如果是三极分相操作的接地开关可以进行单相试验，而三极共用一个操动机构时必须进行三相试验。三相试验电压应不低于额定电压 U_r，但不得超过 10%；单相试验外施电压不低于 $U_r/\sqrt{3}$，但不得超过 10%。对于三相合闸不同期性超过额定频率半个周波的接地开关，其外施电压应不低于 $1.3 \times U_r / \sqrt{3}$（中性点有效接地系统）或不低于 $1.5 \times U_r / \sqrt{3}$（中性点非有效接地系统）。

关合短路试验的预期峰值电流应等于额定短路关合电流，对称短路电流应为额定短时耐受电流，短路电流的持续时间至少应为 0.2s，且电流不应低于额定短时耐受电流的 80%。

关合试验和断路器的要求相同，应进行两个试验，即在电压波的峰值处的关合，产生一个最长预击穿时间的对称短路关合电流；在电压波零点处的关合，无预击穿，产生一个完整的非对称短路电流。如果试验室的试验电压不能满足关合试验外施电压的要求，可以采用与断路器相同的等价性关合试验，即合成关合试验，或者是降低试验电压下的模拟预击穿的关合试验，可用最大直径为 0.5mm 的熔丝或其他方法激发预击穿。E1 级接地开关的关合试验要进行一次电压峰值处的关合和一次电压零值时的关合，E2 级接地开关则至少要进行二次电压峰值或零值处的关合，总计 5 次。

采用降低试验电压下的等价试验，其预击穿时间应通过在额定电压下降低关合电流的关合试验来确定。应进行 10 次关合试验，电压相位应在峰值处的-15°～+15°之间产生电流，然后计算 10 次的预击穿时间平均值和标准偏差（σ），再进行正式的等价关合试验，预击穿时间为平均值加 2σ。

接地开关关合试验时，对于封闭式接地开关，不能发生向外壳外喷射火焰、液体、气体和微粒；对于敞开式接地开关，火焰或金属微粒不应喷射到生产厂家规定的范围之外，以及危及操作人员的人身安全。试验后，接地开关的机械性能和绝缘性应完好，每次关合操作后允许触头有轻轻熔焊，即在规定的操作条件下能顺利分闸和合闸；对于封闭式接地开关，不能目测绝缘状态时，应进行状态检查的电压试验。

对于采用快速合闸的接地开关，关合试验前和试验中应记录其动触头的行程特性曲线，并作为产品出厂试验的参考特性曲线。

10. 机械操作和机械寿命及联锁功能试验

高压交流隔离开关和接地开关的机械寿命试验是为了验证其机械操作的可靠性以及动、静触头之间的接触可靠性和隔离开关与接地开关之间的联锁装置的可靠性。对于单柱式隔离开关，还应通过接触区试验验证静触头在额定接触区范围内时，动触头能否可靠正确地分、合闸。

机械寿命试验按 1000 次操作为一个试验循环，三极共用一个操动机构时应进行三相试验，分极操作的进行单相试验。试验应在装配完整的隔离开关和接地开关上进行，三相试验应在两侧的接线端子上施加 50%的方向相反的额定端子静态机械负荷，单柱设备则施加在一侧。试验由 900 次额定操作电压或压力下合—分操作、50 次最低操作电压或压力下合—分操作和 50 次最高操作电压或压力下合—分操作组成。对于延长的机械寿命试验，应进行 3×1000 次、5×1000 次和 10×1000 次的合分试验。试验过程中不得进行调整或维修，但允许按说明书中规定的要求进行润滑。

进行机械寿命试验前，在不施加端子拉力的情况下，在规定的最低操作电压或压力下进行 5 次合—分操作，在规定的最高压力下进行 5 次合—分操作（仅对气动或液压操作的设备），对人力操作的用人力进行 5 次合—分操作，这些操作应记录其操作特性，如动作时间、最大能耗或最大操作力、快速动作的设备的行程特性曲线以及辅助触头、位置指示器的动作情况。

试验过程中，每次操作均应分、合闸到位，控制、辅助触头和位置指示器的动作正常。试验后，所有零部件应无损坏变形，触头无过度磨损，如果露铜应进行温升试验复核。机械寿命前应测试主回路电阻，试验后电阻值的变化不能大于 20%。对气体绝缘设备在机械寿命试验前、后应进行密封试验，试验完成后应进行状态检查的电压试验。全部试验完成后再进行 5 次最低操作电压或压力下的合—分操作、最高操作压力下的合—分操作以及用人力进行 5 次合—分操作，并与试验前的操作相比，其变化应在生产厂家规定的范围内。

对于隔离开关和接地开关之间的机械联锁和电气联锁应分别进行各 5 次的合—分操作试验，验证联锁的电气可靠性和机械动作可靠性。

高压交流隔离开关和接地开关还应进行施加额定端子静态机械负荷时的操作试验和整体抗弯强度试验。在端子上分别施加水平纵向、水平横向和垂直向下的额定端子静态负荷，用额定动力源进行 20 次合—分操作（人力操作的为 10 次），每次合、分闸均应正确到位。水平断口的隔离开关应在两侧施加负荷。

高压交流隔离开关和接地开关的支持绝缘子应进行整体抗弯强度试验，试验应在完全装配好的并与运行状态相同的一个绝缘子柱上进行。设备处于分闸位置，在其接线端子上施加 2.75 倍的额定水平的纵向端子静态机械负荷，保持 5min，支持绝缘子柱不应发生断裂或损坏。

机械寿命试验，包括额定接触区试验、联锁试验、整体抗弯试验，对于隔离开关而言是最为重要的型式试验项目，因为这些试验不但关系到隔离开关的机械特性和机械动作可靠性，而且还关系到隔离开关的电气性能和电气可靠性。高强度、高质量的支持绝缘子和操作绝缘子是保证隔离开关机械动作可靠性和电气可靠性的基础，因此，在标准中特别强调在型式试验时所使用的绝缘子的各种特性参数要在试验报告中列出。同时还应该强调，生产厂家进行产品的批量生产时，应该使用型式试验时所使用的相同型号、相同生产厂家的绝缘子，不应随意更换。

11. 极限温度下的操作试验

极限温度下的操作试验是为了考核高压交流隔离开关和接地开关在最高和最低环境温度下的机械动作可靠性。此项试验本身很简单，但是对试验室的要求很高，必须具备可调节的高温和低温环境试验室，虽然标准中早已将此项试验列为型式试验的必需项目，但是实际进行过此项试验的产品却很少。因此在实际运行中，许多设备在极限温度下运行时发生了不少的缺陷和故障，影响了系统的安全运行，尤其是在最低周围空气温度下运行的开关设备，特别是隔离开关。对于使用在严寒地区的隔离开关和接地开关，应该进行低温的操作试验以及破冰试验，以确保设备和系统的运行可靠性。

对于户外隔离开关和接地开关，如果是三极共用一个操动机构应进行三相试验，如果是分极操作可做单相试验。低温试验时，将处于合闸位置的隔离开关或接地开关连同其操动机构和所有附件置于环境试验室内，将室温降至其允许使用的最低周围空气温度下并放置 12h，然后在最低和最高操作能源下应可顺利完成三次分—合操作。试验时操动机构箱的加热器可以通电。对气体绝缘的隔离开关和接地开关试验前、后应进行密封试验，漏气率应在允许的范围内。高温试验时，应将室温升至其允许使用的最高周围空气温度下并放置至少 4h 以上使整个试品和试验室的温度相同，然后在最低和最高操作能源下应可顺利完成三次合—分操作。

高、低温试验前、后，应记录隔离开关从发出"分闸"或"合闸"命令开始至收到"到达分闸位置"或"到达合闸位置"信号为止，或到达实际"分闸"或"合闸"位置为止所需的时间。对于具有关合短路电流功能的接地开关，应测量其行程特性曲线，其变化应在允许的偏差范围内。

12. 严重冰冻条件下的操作试验

严重冰冻条件下的操作试验是为了考核覆冰厚度为 10mm 和 20mm 或以上的户外高压交流隔离开关和接地开关能否顺利进行合闸和分闸，也称为破冰试验。破冰试验可在环境试验室进行，也可以在户外自然低温冰冻条件下进行，室内或室外的温度均应在−10℃以下。三极共用一个操动机构的开关应进行三相试验，分极操作的可进行单相试验。被试开关的所有部件，包括操动机构和为适应母线转换电流开合或感应电流开合的附件，均应按运行状态安装在试验场所，开关应分别在分闸位置和合闸位置开始进行破冰试验。为了避免油、润滑脂或其他脏污影响冰的附着，试验前应用合适的溶剂擦净运行中不需润滑的部件，尤其是动、静触头部分和活动连接部分。破冰试验之前，开关应进行机械操作和机械特性试验，并符合技术条件规定，然后按照规定的结冰试验程序使开关的所有部件形成厚度为 10mm、20mm 或更厚的固态透明的覆冰。覆冰经过硬化时间之后，可以进行开关的合闸或分闸操作，如果开关能够在人力操作或在额定动力源操作下到达最终的分闸位置或合闸位置且动、静触头接触良好、所有部件未发生损坏，则认为通过了试验。

13. 位置指示装置的功能试验

根据隔离开关和接地开关标准中对设计和结构部件的规定，如果隔离断口不可见，可以使用可靠的位置指示装置来指示保证隔离开关或接地开关断口的动触头的位置，也就是可以用可靠的指示装置表示动触头的位置来代替可见的隔离断口。位置指示装置必须通过机械连接的方式与隔离开关或接地开关的动触头相连接。从操动机构直至动触头的机械连接系统称为动力传动链，从动触头直到指示装置的机械连接系统称为位置指示传动链。位置指示装置的传动链应该具有足够的机械强度，为了确保正确驱动操作，位置指示传动链必须是连续的机械连接，一般通过适当的方法把位置指示装置直接标志在动力传动链的部件上。图 4-3 是位置指示装置示意图。

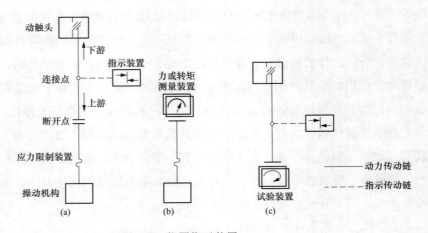

图 4-3　位置指示装置

（a）机械连接原理图；（b）测量示意图；（c）试验示意图

注：上游是指朝着能源的方向，下游是指朝着触头的方向。

用位置指示装置代替明显可见的隔离断口，应另外进行位置指示装置的正确功能试验。试验开关应与运行设备装配完全相同，首先通过断开点测量从动力传动链的上游部分传递至下游部分的力 F_m 或转矩 T_m，对应位置为：隔离开关的动触头在合闸位置，接地开关的动触头在分闸位置，对三极联动开关，测量点应最长动力传动链一极的动触头。动力操动机构的动力源为 110% 的额定电压或额定压力，由人力操作的隔离开关和接地开关则在操动机构操作手柄握紧部位长度的 1/6 处施加 750N 的力，然后再在断开点的动力传动链下游解开点上施加 $1.5F_m$ 或 $1.5T_m$，试验后位置指示装置应能正确表示动触头的位置，位置指示传动链没有永久变形或损坏。

由于气体绝缘金属封闭开关设备的大量使用，使得原本为隔离开关或接地开关规定的应具有"明显可见"的隔离断口的要求变得很难实现。因此对于不能满足应有"明显可见"的断口要求的气体绝缘封闭式隔离开关、接地开关或组合式隔离开关和接地开关，标准中明确提出应设置与动触头通过连续机械连接的位置指示装置来指示动触头的具体位置，以便运行人员进行判别。位置指示装置的机械动作可靠性应通过附加的型式试验进行考核后方能应用。

14. 隔离开关开合母线转换电流试验

40.5kV 及以上的隔离开关应进行母线转换电流的开合能力试验。试验电流为额定电流的 80%，但最大不超过 1600A，如果用户要求大于 80% 的额定电流或大于 1600A，可与生产厂家协商。试验时的额定母线转换电压如表 3-3 所示，如果实际计算大于表中数值，用户应和生产厂家协商。

被试隔离开关应与运行状态完全相同，三极共用一个机构的隔离开关原则上应进行三相试验，如果单相的开断和关合速度与三极时基本相同，且电弧不会受相邻极的影响，也不会到达相邻极，则可以进行单相试验。分极操作的隔离开关如果相邻极间没有影响可以进行单相试验。进行开合试验之前应进行空载操作并记录运动速度、合闸与分闸时间，快速动作隔离开关应测量行程特性曲线。试验应在最低操作电源电压或操作压力下进行，气体绝缘隔离开关应为最低气体压力。如果隔离开关两侧的布置不对称，应将电源分别接在两侧进行各 50% 的开合试验。试验应在额定频率下进行，但认为 50Hz 和 60Hz 的试验是等价的。试验电流和试验电压均应不小于额定值，但不应大于 110%。工频恢复电压在电流开断后至少保持 0.3s。在试验室进行母线转换电流关合和开断试验的试验回路如图 4-4 所示，试验也可以在现场进行，也可以使用能够产生所要求的试验电流和电压及瞬态恢复电压参数的其他试验回路。现场试验可能达不到上述要求，所以一般均在试验室内进行试验，可使用两种试验回路中的任一回路。试验时瞬态恢复电压可以采用频率不低于

10kHz，预期振幅系数不小于 1.5，具有 $(1-\cos)$ 波形的 TRV。

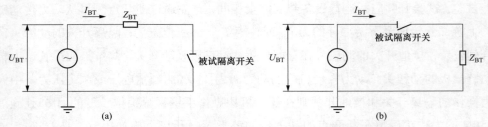

图 4-4   母线转换电流关合和开断试验的试验回路
（a）试验回路 A；（b）试验回路 B
I_{BT}=额定母线转换电流= U_{BT}/Z_{BT}

隔离开关应进 100 次关合—开断操作，关合和开断之间应有足够的时间间隔。试验时隔离开关应能可靠开断和关合试验电流，触头的烧损不应损伤其绝缘性能和承载额定电流的能力，对气体绝缘封闭隔离开关如有怀疑应进行校核试验和状态检查的耐压试验。敞开式隔离开关在开合过程中不应危害操作人员或其他设备的安全。

15. 接地开关开合感应电流试验

接地开关开合感应电流试验是为了验证用于停电输电线路接地用的接地开关开断和关合由于相邻带电线路通过电容和电感耦合而产生的容性和感性感应电流的性能，以及能否持续承载容性和感性感应电流。72.5V 及以上的接地开关应进行此项试验，试验电流和电压值如表 3-9 所示。试验偏差为 0%～10%，工频试验电压在开断后至少保持 0.3s，试验频率应为额定频率，但认为 50Hz 和 60Hz 的试验是等价的。

被试接地开关应与运行状态完全相同，三极共用一个机构的隔离开关原则上应进行三相试验，如果单极的开断和关合速度与三极时基本相同，且电弧不会受相邻极的影响，也不会到达相邻极，则可以进行单相试验。

接地开关开合感应电流试验可以进行现场试验或在试验室内试验。试验室试验可用电容、电感和电阻组成的集中元件代替输电线路。图 4-5 和图 4-6 是电磁感应

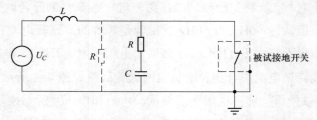

图 4-5   电磁感应电流关合和开断试验的试验回路

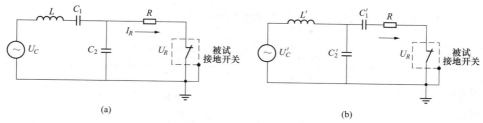

图 4-6　静电感应电流关合和开断试验的试验回路
（a）试验回路 1；（b）试验回路 2

电流和静电感应电流关合和开断试验的试验回路图。对于接地开关持续流过容性和感性感应电流的能力一般不需进行试验，因为感应电流与动热稳定电流相比太小了，而且持续时间很短。

$$L = Z_0^2 \times C_1 , L' = L \times \left(\frac{C_1}{C_1 + C_2} \right)^2$$

$$U_C = \frac{I_R}{\omega C_1} , U_C' = \left(\frac{C_1}{C_1 + C_2} \right) \times U_C \text{ 或 } U_C' = U_R$$

$$C_2 = C_1 \left(\frac{U_C}{U_R} - 1 \right), C_1' = C_1 + C_2, C_2' = C_2 \left(1 + \frac{C_2}{C_1} \right)$$

式中　Z_0——线路的波阻抗：对于额定电压 72.5～126kV，取 425Ω；对于额定电压 252～363kV，取 380Ω；对于额定电压 363～800kV，取 325Ω。

　　　　I_R——表 3-9 规定的额定感应电流。

　　　　U_R——表 3-9 规定的额定感应电压。

　　　　C_1——表 4-7 给出的试验回路电容。

（1）电磁感应电流关合和开断试验。试验回路如图 4-5 所示，回路的功率因数不大于 0.15，电源电压 U_L 和电感 L 的数值可以根据表 4-6 中的值进行计算，开断后预期瞬态恢复电压可以选择适当的 R 和 C 以产生表 4-6 中规定的 TRV 参数，其波形应具有三角波的形式，这是由输电线路的波阻抗所造成。为了试验方便也可采用具有 $(1-\cos)$ 形式的 TRV。

（2）静电感应电流关合和开断试验。试验回路如图 4-6 所示，只要满足回路参数的方程式，可以随便采用任一试验回路，因为它们是等价的。试验回路的功率因数不大于 0.15，试验回路中的电源电压 U_C、电感 L 和电容 C_2 的数值可以从表 3-9 中的额定值和表 4-7 中给出的 C_1 值，利用图 4-6 中给出的方程式进行计算。这样将会产生合适的试验电流和电压值以及合适的涌流频率和试验回路的波阻抗。试验回路 2 中的参数可以由试验回路 1 算出的值进行计算。电阻 R 应不超过容抗 $[\omega C_1' = \omega(C_1 + C_2)]$ 的 10%，但是电阻值既不应大于所考虑的输电线路的波阻抗，也不应导致接地开关合闸时涌流的非周期性阻尼。

表 4–6　　　　　　　　电磁感应电流开断试验恢复电压的标准值

额定电压 U_r (kV)	A 类			B 类		
	工频恢复电压 (0%～10%) (kV, 有效值)	TRV 峰值 (0%～10%) (kV)	到达峰值的时间 (0%～10%) (ms)	工频恢复电压 (0%～10%) (kV, 有效值)	TRV 峰值 (0%～10%) (kV)	到达峰值的时间 (0%～10%) (μs)
72.5	0.5	1.1	100	4	9	400
126	0.5	1.1	100	6	14	600
252	1.4	3.2	200	15	34	1100
363	2	4.5	325	22	49	1300
550	2	4.5	325	25	57	1600
800	2	4.5	325	28	63	2000
1100	待定					

注　1. 恢复电压对单相或三相试验均有效。
　　2. 预期瞬态恢复电压（TRV）波形可以是三角形或（1−cos）形式，到达峰值的时间对于两种波形均适用。

表 4–7　　　　　静电感应电流关合和开断试验的试验回路的电容（C_1 值）

额定电压 U_r (kV)	试验回路的电容（μF）	
	A 类 ±10%	B 类 ±10%
72.5	0.07	0.27
126	0.07	0.40
252	0.15	0.80
363	0.29	1.18
550	0.35	1.47
800	0.35	1.47
1100	待定	

注　C_1 值可以由下式计算。

$$C_1 = (6D)/(\pi Z_0)$$

式中　D ——线路长度，km；
　　　Z_0 ——线路波阻抗，Ω。
波阻抗的设定值是：
对于额定电压 72.5～126kV，取 425Ω；
对于额定电压 252kV，取 380Ω；
对于额定电压 363～800kV，取 325Ω。

接地开关应进行 10 次关合、开断静电感应电流和电磁感应电流试验，在共 20 次的试验过程中开关不能进行检修和调整，试验完成后不得有过度的机械或电气损伤，各种机械和电气性能应与试验前基本相同，对气体绝缘接地开关应进行状态检查的电压试验。试验过程中不得危害操作人员或附近其他人员和设备的安全。

16. 空气绝缘隔离开关开合容性电流能力试验

根据隔离开关的定义，当回路电流"很小"时，或者当隔离开关每极的两接线端间的电压在关合和开断前后无显著变化时，隔离开关应具有关合和开断回路的能力。所谓回路电流"很小"是指像套管、母线、连接线、非常短的电缆的容性电流或电磁式电压互感性的感性电流。对于空气绝缘隔离开关，以前将此电流基本定为0.5A，但实际上根据电网的实际需要一般都超过0.5A，为此在电力行业标准DL/T 486—2010和GB 1985—2014中，将空气绝缘隔离开关开合容性电流值定为：额定电压126～363kV时为1.0A，额定电压550kV及以上时为2.0A，对气体绝缘隔离开关开合容性电流的能力则另有要求。

隔离开关进行容性电流开合试验时，试品应与运行设备完全一致，为了安全和获得稳定的试验结果，试验应使用电动机构进行操作，电源电压为最低允许电压。如果隔离开关装有辅助开断装置则应全部装好。进行开合试验前需测量主回路电阻以及机械特性，如合闸时间、分闸时间、分闸时触头分离时刻等。如果单极相比于三极的合闸时间、分闸时间以及电弧的燃烧不会处于更有利的条件且不会影响相邻相，可以进行单极的单相试验，如果单相试验时电弧朝向相邻相的扩展长度等于或大于相间距的1/2，应进行三相试验。试验频率可以采用50Hz或60Hz，两个频率的试验是等价的，三相试验的电压应为额定电压，单相试验则为额定电压的相对地电压，试验允许偏差为±5%；试验电流按照相应的电压等级选取，允许偏差为±10%。试验的等值回路如图4–7所示。试验时C_S / C_L比值应取0.1，允许偏差为±20%。图4–7中的L_S应相当于隔离开关额定短时耐受电流时的短路阻抗，$L_{S2} \gg L_S$这个要求在大多数试验室是很难满足的。为此，在标准中推荐了一种替代的试验回路，如图4–8所示。在替代的试验回路中，电源的短路容量不必太大，而其他元件可以和图3–15的元件相同，即$C_{S1} \approx C_S$，$C_{L1} \approx C_L$，$L_{S1} \approx L_S$，$L_{hf1} \approx L_{hf}$。在上述两个试验回路中，当隔离开关开断容性电流过程中发生重击穿时，重击穿电流基本由三个分量组成：① 高频分量，由回路中实线环路提供，这是高频暂态电流，是由于重击穿而导致C_S和C_L之间电荷的重新分配而形成的电流，此电流的大小取决于C_S与C_L之比，一般有几千安，但持续时间很短；② 中频分量，由回路中虚线环路提供，约几百安，持续时间较长；③ 工频分量，也即稳态分量，由试验电流值决定，持续时间长。

高压交流隔离开关应进行20次容性电流的开断和关合试验，合闸之前电容器上应无残余电荷，恢复电压应在到达分闸终了位置后保持10s，并应在此之前将电流开断。如果是三相试验不得发生相间或接地短路故障。试验前，应先测量主回

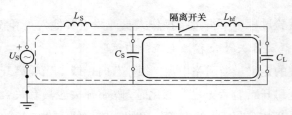

图 4-7　容性电流开合试验回路

U_S—电源侧电压；C_L—负荷侧电容；L_S—短路电感；L_{hf}—C_S 和 C_L 环路的电感；C_S—电源侧电容

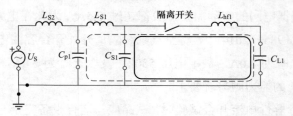

图 4-8　替代的试验回路

U_S—电源侧电压；C_{S1}—电源侧电容；L_{S2}—试验电源侧电感；C_{L1}—负荷侧电容；C_{p1}—试验电源侧电容；
L_{hf1}—C_S 和 C_L 环路的电感；L_{S1}—短路电感

路电阻值和机械特性参数，试验时除应测量电压、电流、燃弧时间外，还应记录电弧的燃烧过程，从录像中判断沿着隔离开关纵向看去的垂直和水平方向的电弧长度。试验后试品的状态应和试验前基本相同，主回路电阻不得大于试验前所测值的110%，机械特性参数不应改变。如果在户外进行试验，应记录风速、风向、湿度、温度等大气条件。

表 3-4～表 3-6 为 IEC 标准中推荐的变电站空气绝缘设备的容性充电电流值，可作为试验时的参考。

17. 隔离开关开合感性电流能力试验

高压交流隔离开关，包括空气绝缘和气体绝缘隔离开关，开合感性小电流能力试验目前仍无标准规定具体的试验回路及其对回路元件参数的要求，DL/T 486—2010 和 GB 1985—2014 中只是规定了不同电压等级的电流要求，即额定电压 126～363kV 为 0.5A，额定电压 550kV 及以上为 1.0A。已经进行过的试验对恢复电没有提出具体要求，试验回路如图 4-9 所示。

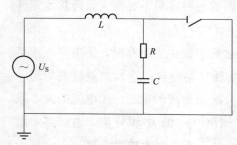

图 4-9　感性电流开合试验回路

试验电压 U_S 为试品额定电压的相对地电压，电感 L 值由试验电压和试验电流计算得出，R 和 C 的选择应能产生适当的瞬态恢复电压，试验回路的功率因数不应大于 0.15。隔离开关应进行三次额定小感性电流的开断和关合试验。试验前应测量主回路电阻值和机械特性参数，试验时除应测量电压、电流、燃弧时间外，对空气绝缘隔离开关还应进行电弧燃烧过程的录像，以判断电弧的长度。试验后试品的状态应和试验前基本相同，主回路电阻值不得超过试验前所测值的110%，机械特性参数不应改变，对气体绝缘隔离开关如有怀疑应进行状态检查的电压试验。

18. 气体绝缘隔离开关开合母线充电电流试验

用气体绝缘金属封闭隔离开关，特别是用超高压和特高压气体绝缘隔离开关开合小的容性电流时，如开合短的空载母线或断路器的均压电容器，可能会产生非常快速的瞬态过电压，从而发生对地破坏性放电。为此，要求 GIS 中隔离开关的设计应能可靠开断小容性电流，并避免产生过高的特高频瞬态过电压，防止设备发生破坏性放电故障。对于 252kV 及以下的隔离开关，一般不需进行此项试验，因为它们的雷电冲击耐受水平和额定电压之比比较高。

开合母线充电电流试验分为三种试验方式：

（1）试验方式 1：非常短的母线段的开合；

（2）试验方式 2：在 180° 失步条件下对断路器并联电容器的开合；

（3）试验方式 3：容性电流开合能力试验。

三个试验方式中，试验方式 1 是强制性的试验，此项试验就是经常所说的 VFTO 试验，即特高频瞬态过电压的试验；试验方式 2 为非强制性试验，一般可以不做；试验方式 3 也是非强制性试验，但是它是考核隔离开关开合容性电流能力的试验，从使用的角度要求应该进行此项试验，尤其是当试验室不具备试验方式 1 的试验条件时，试验方式 3 就成为必试项目了。

高压交流隔离开关进行容性小电流开合试验的试品应与在系统中安装使用的产品完全一致，试验时动力操动机构应为规定的最低电源或最低压力，受试隔室和相关隔室均应处于规定的最低气体密度。隔离开关应在最不利的布置条件下进行试验，对三极共箱式产品应进行三相试验。试验频率应为额定频率，但 50Hz 和 60Hz 的试验是等价的。试验电压如表 4-8 所示，在开、合操作试验前、后的工频电压至少应保持 0.3s，当负荷侧有直流预充电电压时（试验方式 1），在合闸操作前，该电压应为规定的数值并施加至少 1min。在分闸操作和合闸操作之间，负荷侧不应接地，试验回路也不应含有可能泄漏充电电荷的元件。

表 4–8 关合和开断试验的试验电压

试验方式	试 验 电 压	
	电源侧 U_1	电源侧 U_2
1	$1.1U_r/\sqrt{3}$	用负极性直流电压预充电 $1.1 \times U_r \times \sqrt{2}/\sqrt{3}$

续表

试验方式	试 验 电 压	
	电源侧 U_1	电源侧 U_2
2	$1.1U_r/\sqrt{3}$	反相的交流电压 $1.1U_r/\sqrt{3}$
3	$U_r/\sqrt{3}$	—

注 1. U_r 是额定电压。
　 2. 选取系数 1.1 是考虑这类开合现象的固定特性的统计结果，并且为了限定表 4-9 规定的试验操作次数。
　　　由于试验方式 3 只是用于说明隔离开关的开合能力，所以提高试验电压是不必要的。

1. 试验方式 1：开合非常短的母线段

图 4-10 为试验方式 1 的试验回路。负荷侧是长度为 3～5m 的母线段 d_2，它与电源侧通过被试隔离开关相连接，其长度 d_1 为 2.8～2.0 倍的 d_2，电源侧的电容 C_1 为集中电容，C_1 值的选取应使得隔离开关端子的对地电压峰值满足瞬态恢复电压的要求。试验回路使用的母线段长度 d_1 是被试隔离开关 QS1 一端的触头到套管接头的距离，d_2 是被试隔离开关 QS 的另一端触头到辅助隔离开关 QS2 的触头的距离。

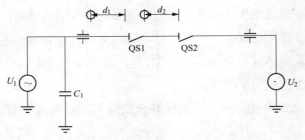

图 4-10　试验方式 1 的试验回路
QS1—被试隔离开关；QS2—辅助隔离开关

在开始进行合闸操作之前，负荷侧 U_2 应按表 4-8 规定的直流电压预充电，直流电压由 DA 断开。在一次合闸操作过程中，隔离开关上的瞬变过程表征了试验回路的特性，而且在此试验条件下应保证过电压特性的一致性。瞬态电压有两种性质的波形，一种是具有特别快速的瞬态过电压（VFTO），另一种是快速的瞬态过电压（FTO）。VFTO 由试验方式 1 的试验回路确定，FTO 则要单独进行至少一次的直接测量来验证试验回路的特性，试验时电源侧的试验电压为 $U_r/\sqrt{3}$，负荷侧没有预充电。

试验时，合闸操作过程中发生第一次预击穿时，对地瞬态电压的峰值 u_{TVE}（对地瞬态电压 TVE）应不低于 $1.4U_r\sqrt{2}/\sqrt{3}$（可以有 5% 的偏差），到达峰值时间应小于 50ns，如图 4-11 所示。

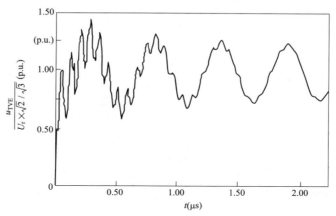

图 4-11　典型的电压波形（包含 VFT 和 FT 分量）

2. 试验方式 2：断路器并联电容的失步开合

图 4-12 为试验方式 2 的试验回路。断路器的并联电容 CP 可以用断路器实际使用的电容，也可以用等值的电容代替。电容和被试隔离开关之间的距离 d_3 应为在实际产品中可能使用的最短连接线，其他的连线长度没有规定，但应采用尽可能短的连接。集中电容 C_L 应不小于 400pF，C_1 应为 C_L 的 4～6 倍。

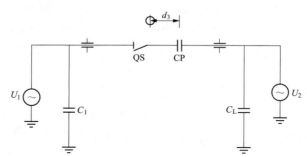

图 4-12　试验方式 2 的试验回路

QS—被试隔离开关；CP—断路器并联电容器或等效电容器

3. 试验方式 3：容性电流开合能力试验

图 4-13 为试验方式 3 的试验回路。所试试验方式对母线段的长度不做规定，负荷侧的集中电容 C_L 值的选择应使得回路电流为表 3-8 所规定的母线充电电流，允许偏差±10%。

4. 试验要求

表 4-9 为每个试验方式应进行的开合次数。隔离开关进行关合和开断试验前应测量机械动作特性和行程特性曲线，在每个试验方式过程中开关不得检修和调整，在试验过程中不得发生机械或电气损伤，也不得发生相间或相对地的放电，试验后

开关的机械特性应与试验前基本相同，绝缘性能应进行状态检查的电压试验验证。

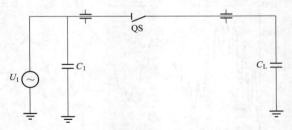

图 4–13 试验方式 3 的试验回路

QS—被试隔离开关

注：1. 为了降低因较高电源阻抗引起的谐振效应，可以在电源侧接入一方便数值的集中电容 C_1。

2. 可能影响瞬态恢复条件的详细试验条件，按照用户与生产厂家之间的协议。

表 4–9   规 定 的 试 验 次 数

试验方式	关合和开断操作的次数	
	标准隔离开关	快速隔离开关*
1	50**	200*
2	50	200
3	50	50

注 * 隔离开关触头分离瞬间的触头分离速度应在 1m/s 或更高的范围内。

** 在隔离开关最不利的布置不能清楚地确定时，试验方式 1 应在对面的端子上重复进行。

如果试验电压提高（以覆盖统计结果）到下列数值，则试验次数可以减到 50 次。

——电源侧：$U_r \times 1.2 \times \sqrt{3}$；

——负荷侧（直流电压预充电）：$-U_r \times 1.2 \times \sqrt{2} / \sqrt{3}$。

5. 对测量的要求

高压交流隔离开关，包括空气绝缘和气体绝缘隔离开关，开合电容电流，尤其是开合非常短的母线段的电容电流时，将会产生频率极高的瞬态电压，因此，必须采用具有足够的频带宽度的专业化测量设备才能正确地记录特高频瞬态过电压（VFTO）和快速瞬态电压。VFTO 的测量应在距离隔离开关弧触头 1m 的范围内进行测量，如果不能在 1m 范围内测量，至少应在试验区段内，但在 1m 之外，进行一次测量，以验证计算方法的有效性，VFTO 的验证可通过计算机进行。测量回路应注意可能的外界干扰。对试验所采用的每一种试验回路至少应进行一次 VFTO 的验证。

目前对于特高频瞬态电压的测量尚无统一的测量方法和标准的测试设备，因此，不同的测试者采用不同测量装置所测波形可能有很大差别，所以应通过计算机的计算来验证所测结果的有效性。运行单位所关心的主要是过电压是否会威胁隔离开关及其相邻设备的运行安全，因此，进行母线充电电流开合试验必须采用标准中规定的试验回路和元件参数。

第二节　出厂试验和交接试验

一、出厂试验

高压交流隔离开关和接地开关的出厂试验是产品出厂发运之前把控产品技术性能和质量的最后一道关口，试验的目的是发现产品所使用的材料、元器件、组装和生产过程中可能存在的缺陷和问题，以确保每台出厂的产品的技术性能和质量水平符合技术条件的规定，并与已经通过型式试验的设备相一致，同时作为现场交接试验的依据。为此，每台产品均应在制造内进行整体组装，生产厂家也必须具备相应的整体组装和整台产品的出厂试验条件。需要拆装出厂的产品，在拆装之前应在所有连接部位做好连接标记，以作为现场安装的依据。只有全部出厂试验合格的产品才能出厂，并应附有出厂试验报告。

出厂试验的项目基本都是从型式试验项目中选出的而在工厂内又容易实现的简单试验项目，既不会对产品的性能和可靠性造成损伤，而又能确保其符合规定的技术性能和质量水平。高压交流隔离开关和接地开关的出厂试验应包括下述内容：

（1）主回路的绝缘试验；

（2）辅助和控制回路试验；

（3）主回路电阻的测量；

（4）充 SF_6 气体的隔离开关和接地开关的密封试验；

（5）设计和外观检查；

（6）机械操作和机械特性试验；

（7）充 SF_6 气体的隔离开关和接地开关的气体湿度的测量。

出厂试验的试验要求与型式试验基本相同，但是有的内容又不完全相同，因此进行出厂试验应该注意下面几点：

（1）高压交流隔离开关和接地开关的结构简单，零部件的加工精度要求不太高，组装也简单，因此，长期以来没有受到生产厂家的充分重视，看似简单的东西可是又做不好，尤其是装配和出厂试验两项关键工作没有做好。为严格控制隔离开关和接地开关的出厂质量，必须严格控制产品的装配质量和出厂试验，从运行部门的角度出发，出厂试验必须在完全组装好的整台设备上进行试验，也就是每台产品均应在工厂内完全组装好后才能进行出厂试验，不能在单独的组件上进行试验。需要拆装出厂的产品，必须将所有拆开的连接部位打好标记，按相进行各个部件的包装，绝缘子、操动机构及其机械连杆均应按相做好标记，以便于现场组装。必须禁止在现场进行配装。

（2）出厂试验中的主回路电阻测量应使用型式试验时的试验电流值，测得的阻值最大允许值不应超过型式试验时温升试验前测得的电阻值的 1.2 倍。也就是说，型式试验中温升试验前所测得的回路电阻值作为出厂试验标准值的基础，厂家不能随意自行规定主回路电阻值。

（3）充 SF_6 的产品在出厂试验中应进行 SF_6 气体湿度的测量，以判断完成全部组装后充入合格的新 SF_6 气体后，产品的微水是否符合要求，从而证明各个部件的干燥处理是否合格。没有进行湿度测量或者湿度测量不合格的产品不能出厂，要尽量杜绝现场 SF_6 气体湿度测试超标的现象，因为在现场再进行干燥处理是非常困难的。

（4）机械操作和机械特性试验必须在装配完整的产品上进行，要重点检查联锁装置的动作和配合情况，对电力操作电动机过载保护要进行校验，对快速分合闸的产品要进行机械行程特性曲线的测量和检验。

（5）出厂试验中的绝缘试验应进行分、合闸状态下的耐压试验，接地开关的位置应该使接地开关的端部和隔离开关带电部分是最小距离。

二、交接试验

高压交流隔离开关和接地开关安装、调试完成后，应进行现场交接试验，以确认经运输、储存、安装和调试后，设备完好无损，装配正确，所有技术性能指标符合技术条件规定，并与其出厂试验的数据一致。现场交接试验是设备运行部门判断安装部门安装完成后能否验收和投运的关键性试验，因此运行部门要对交接试验的检测数据对照设备的出厂试验报告进行详细的分析和比较，以给出是否能够验收的合理判断。为了防止发生高压交流隔离开关和接地开关带病验收和投入运行的事件，运行部门应该派专门技术人员参加设备的全过程安装工作，以掌控设备的安装、调试质量，使设备能够顺利地完成交接试验和成功投运。

高压交流隔离开关和接地的现场交接试验，一般应包括下述内容：

（1）检查与核实，包括一般检查、电路检查、绝缘或灭弧用流体的检查。

（2）充 SF_6 气体的隔离开关和接地开关的气体湿度的测量。

（3）充 SF_6 气体的隔离开关和接地开关的密封试验。

（4）主回路电阻的测量。

（5）机械操作试验和测量，包括在额定电源电压、最高和最低电源电压下的分闸和合闸操作、分合闸时间的测量、快速隔离开关和接地开关的分合闸速度和行程特性曲线的记录、辅助开关触头和位置指示装置的动作验证、电气和机械联锁装置的验证等。

（6）辅助和控制回路的绝缘试验。

（7）某些需要在现场进行的验证性试验，如隔离开关开合母线充电电流试验、接地开关开合感应电流试验等。

高压交流隔离开关和接地开关的现场交接试验与高压断路器不同，因为它的零部件大多是裸露的，它的分、合闸操作都是可见的，而它的动作又是缓慢的，所以现场交接试验应以观察为主，并应注意以下几点：

（1）应仔细检查外观，查看瓷质绝缘子是否完全无损，法兰与瓷绝缘子的胶合面是否良好并涂有防水胶，支持绝缘子和转动绝缘子的垂直度和水平度是否符合要求。

（2）应仔细观察分合闸操作过程中的设备状态，分/合闸是否完全到位，分/合闸过程中是否有卡涩、停滞等现象，合闸冲击力是否过大，辅助开关触头和位置指示器的动作是否正确，动作计数器是否正确记录，限位和定位装置是否准确可靠。

（3）应检查隔离开关分闸时的断口距离是否符合要求，触头间的接触压力是否符合规定值，接触是否均匀紧密；检查轴承密封是否良好，转动部位是否涂有均匀的润滑脂，机构箱门密封是否良好等。

（4）回路电阻的测量应使用型式试验或出厂试验使用的试验电流和测量仪器，如果所测电阻值超过允许值，必须分部位测量找出原因予以解决，回路电阻值应有一定的裕度。

第五章

高压交流隔离开关和
接地开关的运行管理

第一节 全 过 程 管 理

一、概述

设备全过程管理是综合设备工程学和过程管理学理论提出的一种管理方法，其基本理念、工作流程和实施原则等适用于各种工程设备的管理，但针对不同的使用者，全过程管理的范围和具体要求将有所不同。对于电气设备中的断路器而言，运行部门的全过程管理内容包括了选型、采购、监造、安装调试、运行、维护检修、改造更新与报废等环节。如果将断路器的制造包含在内，还需加上产品的设计、研制、型式试验和制造过程等环节。实现设备全过程管理，就是要加强全过程中各环节之间的相互协调，从整体上保证和提高设备的可靠性和经济性，以充分发挥设备的综合效益。

我国电力系统很早就提出了"全过程管理"的理念，原水电部曾在 1987 年颁发《电力设备全过程管理规定》，对管理体系和上述各个环节提出了具体要求。在这个规定中首先明确了管理体系的职责和组织结构，由生产部门负责总的协调；然后根据工作流程分成六个部分并做出了具体规定，其中包括设计和设备选用、设备的订购和监造检验、设备的安装与移交生产、生产准备工作、设备的试生产和生产管理；另外对工作表现还提出了奖罚条例，这个规定对开展全过程管理工作起到了很大的促进作用。随着科学技术的进步、管理和认识水平的提高，特别是近年来引入设备资产全寿命管理体系的推广，又促进了全过程管理工作的开展，实践表明做好该项工作对规范专业管理和提高管理水平很有帮助。全过程管理涉及的领域可分为以下八个方面：设备选型，技术条件的确定，设备监造与验收（包括工厂与现场），现场安装与交接试验，运行、维护与缺陷处理，设备状态评价与检修，技术改造，退役与报废。

本书将重点介绍设备选型原则、监造、安装、调试和验收投运，以及报废和处理。

二、设备选型原则

高压交流隔离开关和接地开关的设备选型是变电站在规划建设初期首先要考虑的重要事项，设计和运行部门要根据变电站在系统中的位置、容量、投资规模、发展前景、环境条件、装用位置、运行工况和应具备的技术功能等因素决定选用什么形式的高压交流隔离开关和接地开关。

电力系统的运行可靠性取决于电气设备的可靠性，变电站所用高压交流隔离开关和接地开关的选型对系统运行可靠性将会起到格外重要的作用和深远的影响。做好工程设备选型工作是一项非常重要的前期工作，高压交流隔离开关和接地开关的选型应该根据下述四项原则进行，即广泛的适用性、高度的机械动作可靠性、简便的维修性、合理的经济性。

（1）不同形式、不同结构和不同技术功能的隔离开关和接地开关，具有不同的适用性，根据不同装用地点、运行位置和运行工况选择适用的设备对系统的运行安全十分重要。高压交流隔离开关和接地开关的适用性包括两个方面，其一要有相应的开合性能，能胜任规定工况下的可靠操作，其二要能在各种不同的环境条件下保持稳定运行和可靠准确的操作。高压交流隔离开关和接地开关与其他电气设备最大的不同是"裸体运行"，是受环境影响最严重的设备，特别是锈蚀和腐蚀问题会影响它们的各种性能，因此要将它的适用性放在第一位，要选用具有广泛的适用性，特别是要有持久可靠的防腐蚀和防锈蚀性能的产品，以确保它们的各项技术性能和运行可靠性。

（2）隔离开关和接地开关虽然不具有保护功能，但是类似于高压断路器，也是"静中有动"，隔离开关在运行中绝大部分时间是处于静止状态并承载负荷电流。但是系统中一旦需要改变运行方式，它就必须准确、可靠地进行分闸或合闸的操作，有时还要进行母线转换电流、小电容电流的开合操作，接地开关可能还要开合感应电流或关合短路电流，这就要求它们必须具有高度的机械动作可靠性，确保变电站的正常运行。

（3）由于供电可靠性的要求，为高压交流隔离开关和接地开关而单独停电的机会几乎是不可能的，所以对运行中隔离开关和接地开关进行正常维修保养和检修非常困难。因此，运行部门原则上要求高压交流隔离开关和接地开关应该是不需要检修的设备，但事实上很难做到。为了保证设备的运行可靠性，运行部门应该尽可能遵照生产厂家的规定进行必要的维护保养和检修，要防止发生长期失修的现象。

高压交流隔离开关和接地开关的运行可靠性也依赖于运行过程中的维修质量。维修的间隔和周期要根据设备的安装位置和重要性、结构形式、操作情况和运行状况确定。因此，应该选用结构较为简单、维护检修简便、技术性能稳定、操作可靠的产品。

（4）高压交流隔离开关和接地开关选型时，除要考虑技术参数满足工程要求外，还应关心产品的经济性和环保性。产品的经济性是一个综合技术指标，包括产品的生产成本、质量水平、技术参数、维修工作量、故障率、使用寿命等综合因素，它是设备研制费用、生产成本、运行费用及故障损失费用的总和。设备费用是一次性费用，运行费用是长期的，事故造成的社会影响和损失是无法预测的，高可靠性产品可以降低运行费用和事故率，减少和避免事故损失，但价格不一定低。不同高压交流隔离开关和接地开关在选型时应在技术性能和参数满足要求的基础上，对不同形式和不同生产厂家的产品质量、试验情况以及运行中的故障率、所需进行的维护工作量等进行综合比较，切莫贪一时之利而为将来的运行安全带来隐患。

高压交流隔离开关和接地开关应根据实际使用条件，按照上述四项选型原则，经过详细的技术经济比较进行选型。同时在选型工作中还要顾及国家的技术政策、制造和试验水平、产品的技术发展方向和电网的发展等因素。选型要达到的目的是能保证系统的安全运行。

三、技术性能和产品结构的选择

1. 关于技术参数

额定电流选择原则同断路器要求，即须考虑今后系统发展并留有一定的裕度，如线路提高输送容量、变压器容量增加等情况还是比较常见的，避免日后因这些因素变化再对隔离开关进行改造。

对于户外隔离开关和接地开关，出于防污闪的目的，外绝缘水平配置上也强调爬距（或爬电比距）、伞型结构和干弧距离这三个参数。相对断路器而言，隔离开关和接地开关采用的棒型支柱绝缘子伞径比空心绝缘子要小得多，从空气动力学角度上看，其自洁能力会更胜一筹，不过因隔离开关在运行中不易安排检修清扫（特别是母线隔离开关），且为避免投运后在外绝缘上再采取防污闪的辅助措施，如涂RTV或加装伞裙套，所以选用支持绝缘子和操作绝缘子时必须同时满足上述3个参数。此外，不应使用有下伞棱的伞型，支持绝缘子和操作绝缘子的外绝缘水平应该相同。

2. 接地开关开合感应电流问题

随着对土地资源的保护和减少对环境的影响，电网建设中同杆（塔）多回路架设输电线路越来越普遍地被采用，由此带来某条线路检修或恢复运行时接地开关将要开合感应电流的问题。按我国或IEC标准，感应电流分为A、B两类，我国电力行业标准对该参数还做了些修正，略有提高。实践表明，输电线路长度以及同杆（塔）多回路架设的线路结构均影响该参数的选择，工程计算结果往往是B类参数，也无法满足要求，对此应给予关注。选择接地开关具有何种开合感应电流水平应根据工程计算结果并考虑最终运行条件，因为同杆（塔）多回路架设线路不可能一次完成。由于这方面的运行经验并不多，建议投运后有条件时实地测量感应电流水平。

3. 绝缘子的机械强度和技术要求

隔离开关上使用的绝缘子除了绝缘要求，还要承载机械力的作用，如出线端子上引线的张力、合分闸操作力、短路电流通过时的电动力、风荷载、环境温度变化对张力的影响等，这些力作用在支柱绝缘子上表现为抗弯强度，作用在操作绝缘子上则表现为抗扭强度。生产厂家选用绝缘子的机械强度时要经过计算并通过型式试验来验证，出于对绝缘子质量分散性的担心，有些用户欲提高绝缘子的机械强度，此时需注意，设备选型中所提的绝缘子机械强度是指一柱（整组）绝缘子的强度，由于制造上的限制，每节绝缘子的高度不可能做得很大，除了126kV设备用一节绝缘子外，更高电压等级设备每柱绝缘子均由多节组成，随着电压等级提高，每柱绝缘子节数就会增加。绝缘子的抗弯强度与力臂有关，每节绝缘子所受的弯矩不同，最下一节绝缘子所承受的弯矩就要比上面的大。例如，500kV隔离开关每柱由三节绝缘子组成，若选整组抗弯强度为10kN，则最下节绝缘子的抗弯强度至少要达到端子动、静态拉力所产生的弯矩。

现在空气绝缘的隔离开关和接地开关主要选用瓷的支柱绝缘子和操作绝缘子，近年来也有使用硅橡胶材料的绝缘子，有的内部芯棒仍用瓷件，机械性能不会变，但大部分是使用环氧树脂芯棒，这就要其刚性必须满足在端子拉力的长期作用下而不发生永久性变形的要求，所以应该慎重选用复合绝缘作为支柱绝缘子和操作绝缘子。

国内使用的绝缘子颜色普遍选择棕色，要求具有防污型大小伞结构，伞型的几何尺寸和直径系数等均要满足标准规定，出于防污闪的要求，伞裙下表面无伞棱。

高压交流隔离开关和接地开关所用瓷质绝缘子，包括支柱绝缘子和操作绝缘子，应符合电力行业标准 DL/T 486—2010 中规定的技术要求，它有别于只起支持作用的绝缘子。

4. 产品形式和结构要求

（1）产品形式。与断路器或其他开关设备相比，隔离开关的形式较多，结构各异，概括来说有垂直折叠式和水平开启式，垂直折叠式又可分为单臂和双臂折叠式；水平折叠开启式可分成两柱单臂单断口折叠式和三柱双断口折叠组合式；水平旋转式可分为双柱单断口和三柱双断口水平开启式；此外还有垂直立开式（俗称大刀式）。垂直开启式隔离开关的优点是占地少，只需考虑空间高度，相间距离是最小的，但折臂或剪刀式的结构比较复杂，特别是中间机构增加了维护保养和检修的难度。水平开启式隔离开关占地面积大，极间（断口间）的距离与电压等级成正比，水平旋转式还要考虑分闸时的相间距离，且单断口的相间距离还是双断口的 1 倍，但水平旋转式隔离开关的结构比较简单，容易进行维护保养和检修。立开式隔离开关虽然结构简单，但分闸后空间的绝缘距离会增加很多，甚至会抬高母线构架，现在高电压等级上已很少采用。

隔离开关采用何种形式需兼顾到母线结构布置、相间距离（与占地面积直接有关）和空间尺寸等因素，当然用户的使用习惯、传统与喜好也是很重要的，应该讲只要变电站可以布置，用户还是希望能使用结构简单、可靠的产品。

接地开关除了母线用的是单独的设备，其余均与隔离开关组合在一起，如此既可节约占地又能实现机械上两者的联锁，如无限制，用户更偏向于用隔接组合式。接地开关也可分为折叠式与垂直开启式，前者结构相对复杂，后者所占空间要大点，且对于电压等级大于 550kV 的产品因导电杆太长可能不适用。

具有开合感应电流能力的敞开式接地开关在导电杆末端增加了一个真空灭弧室，由于感应电流的能量有限且无连续开断的要求，利用弹簧操动机构很容易实现开合感应电流，当然 1100kV 接地开关是不一样的，因为感应电压已超过 100kV 了，需附加一台 SF_6 断路器。

（2）结构要求。126～363kV 隔离开关多为三相机械联动操作的结构，由于相间距离还不是很大，即使按 45° 的斜角布置，大功率的操动机构还是能够驱动相间连杆实现隔离/接地开关的三相联动；但 550kV 及以上电压等级的隔离/接地开关由于相间距离大只能配分相操动机构，这时各相间的连接电缆必须经由地下敷设连通。对于用户而言，126kV 及以下电压等级的隔离开关选用三相机械联动机构，不仅结构简单，还减少了相间连接电缆，可靠性能得到提高，如有条件，对 252kV 或 363kV 的隔离开关也可这么选用。需要指出的是，选用三相机械联动时还应对机构箱的位置有所考虑，理论上讲机构箱布置在中相比较合理，驱动两边相的力较机构箱置于边相更均匀。

通常用户会优先考虑采用隔离/接地开关组合的结构，其优点是容易实现两者之间的机械联锁，而且即使是双接地开关也可做到。这点对防止误操作很重要，因为电气联锁难免会出现差错，而机械联锁除了结构上被破坏是不可能失效的，这也是联锁装置首选机械式的根本原因。

超高压母线接地开关应避免用垂直开启式结构，因为布置上可能会出现与端部均压环的冲突。为改善高压引线附近的电场分布，接地开关端部往往需采用两个均压环，其中一个需布置在接地开关静触头下方，使得均压环要开口才可合上接地开关，这种结构将影响端部的电场分布，减弱均压环的作用，故推荐采用折臂式结构。

接地开关导电杆末端应有足够截面的连线将其与接地的底座连接，由于很多用户自行设计接地开关支架，这部分连线往往被忽略，不少人误以为导电杆通过金属螺栓连接也能起到接地作用，殊不知这种接地是不安全的，且无法承受短路电流（产品型式试验时任何一家生产厂家都是将导电杆末端通过专用连接线直接与接地回路连接）。

（3）操动机构。隔离开关和接地开关的操动机构除需要具有短路关合或其他开合性能的产品需选用弹簧机构外，一般均选用可以手动操作的电动机构，手动主要是为了检修时调整用。以往对接地开关并未强调必须用电动机构，现在出于安全考虑尽可能不在就地用手动操作接地开关，故统一都要求用电动机构。操动机构的操作、控制电源应使用交流，同样也是出于变电站运行可靠性的考虑。若用直流电源，不仅会增加蓄电池的容量，也增加了直流接地故障的概率。

操动机构箱往往会被忽视，但在运行中由此引发的问题确不少，特别是户外产品的防潮、防水、防锈蚀措施尤为重要。对于机构箱的机械强度，应该特别注意，如用金属铸件问题不大，若用板材，厚度须大于或等于 2mm 或至少箱门要做到该要求，否则很可能门就无法关严。箱门密封是另一个关注点，经验表明以往国内大量采用的平面密封条实际效果并不好，材料老化后弹性下降失去密封作用，推荐采用中空密封条；机构箱机构主轴伸出孔也要有防水措施，将伸出孔改为有一定高度的引拔孔即可有效地阻止雨水从该处流入。

机构箱内的辅助开关应与机构主轴直连以增加切换的可靠性，且辅助开关要避免转轴过长，以免造成末端的触点转动不到位而接触不良，这意味着辅助开关的触点数量是有限的。对操动机构的减速机构、缓冲装置、电机动等部件以及加热或驱潮装置也要给予充分的关注。

5. 对整台装配和出厂试验的要求

为保证产品出厂质量和现场安装质量，隔离开关和接地开关应在工厂内进行整台组装和调试。目前该要求有许多工厂只在可以完成整台组装直接运输的产品上实现，即只有 126kV 及以下电压等级的产品在工厂内进行整台组装，更高电压等级的产品仅在工厂完成导电回路组装，然后在一个标准的机械操作台上进行调试，产品所用的绝缘子和机构箱甚至就直接发往变电站现场了。这样做相当将产品组装调试工作延后到现场去做，且不说现场条件差，如果组装中遇到需要更换零件或调试无法达到规定等问题将很难处理，工厂在现场处理这些问题也会增加成本而且难以保证质量，建设工期也会受影响。如果现场安装的设备存在隐患将会影响运行可靠性，故提出在工厂内进行整台装配的要求是符合双方利益的。

工厂组装调试后为方便运输，会将产品拆开包装，因此对组装过程中所有的连接部位均应标出明显的位置标记，并按相、极柱做好标识拆装成发运状态。此外产品出厂检验报告上要注明设备编号和绝缘子序列号备查。

产品应在工厂内整台组装后进行出厂试验，试验项目按有关标准和技术协议规定执行，有条件时对绝缘子也应做试验，否则须提供供应商的试验报告，绝缘子试验报告中应有超声波探伤的内容和结果，对绝缘子的检查要求可参考国家电网公司的输变电设备技术管理规范《交流高压交流隔离开关和接地开关运行维护要求》。出厂试验结果应与型式试验结果相接近，误差在许可范围内。

四、监造

监造是用户为确保产品制造质量所采取的一种手段，通常在设备采购时可提出此要求，对于大批量订货或用户首次采用、使用中遇到过问题的设备，用户还可提出参加全过程监造工作。多数情况下用户会选派监造人员，或委托有资质的第三方，但负责监造的人员必须熟悉设备和有关标准、规定。监造的有关项目、内容和技术指标应在订货合同的技术协议中明确，监造方即按此要求在各控制点执行监造。如遇合同中未明确的问题，监造人员应根据有关国家、行业标准和产品技术条件规定要求提出意见并由用户和生产厂家确认。监造工作开始前，监造人员应根据监造大纲、订货合同的技术协议及相关标准制定监造实施细则，设计联络会议纪要和设计部门出具的更改设计通知单也应作为监造实施细则的依据。

监造执行可采用停工待检、现场见证和文件见证三种方式，进一步细化监造控制可相应设为停工待检点（H 点）、现场见证点（W 点）和文件见证点（R 点）。对外购材料和零部件一般可采用文件见证方式，必要时也可采用延伸监造的方式，对生产厂家内加工和生产的零部件和分装件应采用现场见证方式，对关键部件的组装和整体调试则应采用停工待检方式。具体要求如下：

停工待检点：工厂应通知监造人员到场见证并经监造人员签字确认后方可转入下一个制造流程。

现场见证点：监造人员在工厂车间见证产品制造过程，包括材料和零部件、分装件检验（对原材料、外协加工件和采购零部件的入厂检验）、主要的制造工序、部件组装和调试等。

文件见证点：监造人员对原材料、零部件供应商的资质审查（必要时），用户订货产品所采用的原材料、零部件和外协加工件的入厂检测报告等可采取文件见证的方式。

监造范围：外购原材料、零部件，主要零部件（如支柱绝缘子、操动机构），总装调试、出厂试验、包装储存及装运等，此外生产进度计划也是关注的内容之一。

监造内容有：

（1）原材料型号规格及物理、化学、电气性能指标；

（2）配套件（包括外购）的检查：外观、抽查试验、合格证等；

（3）操动机构：操动机构的零部件检查及操动机构总装与试验、总装配；

（4）试验：试验项目、试验标准、试验方法及使用的仪器仪表等，试验数据；

（5）包装及装运应符合有关规范要求及防振、防潮等措施；

（6）整个生产进度也是监造人员要关心的，对于工期要求紧的产品，还要跟踪外购的主要或关键元器件的到货时间，虽然产品装配、调试和包装、运输环节所需时间工厂可以控制但也不可放松。

为便于开展工作，生产厂家应事先向监造方提供有关资料：原材料型号规格及物理、化学、电气性能的标准，外购主要零部件的型式试验报告；产品制造中的关键工艺说明，产品型式试验报告、产品改进和完善情况的说明和分析，特别是同一型号的产品如有材料或结构上变动，须专门有书面报告说明。此外生产厂家应对开展监造工作提供便利，保证监造人员及时了解信息和进行核查。

监造中发现有原材料或外购零部件不合格、关键试验项目不合格、生产工艺重大改变等问题时，监造人员须及时纠正（必要时应要求生产厂家暂时停工），并尽快以书面方式告知用户。

需要指出的是，采购合同签订中应明确要求厂家对关键元器件（如电动机、变速箱、辅助开关、支柱绝缘子、导电杆等）提供唯一供货厂家及型号，监造中如发现有差异，生产厂家须进行说明，确保发到现场设备的一致性。

五、安装、调试和验收投运

1. 安装条件与要求

安装条件包括安装前设备验收、安装环境和准备工作。隔离开关和接地开关运到现场后应进行开箱检查，由生产厂家、监理、施工单位和用户各方人员在现场共同见证。检查内容有：

（1）包装应无破损，设备型号、数量（包括附件、备件）符合装箱单数量。

（2）设备整体外观应完好无损伤，所有元件、附件、备件无损坏、变形及锈蚀，触头镀银层无异常，必要时用户可通过测镀银厚度和硬度进行检查。

（3）支柱绝缘子及操作绝缘子应无裂纹及破损，必要时用户可通过超声波探伤进行检查，验证支柱绝缘子及操作绝缘子是否经过工厂整体组装后按相发运，是否有拆装标记。

（4）产品出厂证明文件及技术资料齐全：每组(极)隔离开关和接地开关的本体和每台操动机构均按相发运并应附有产品合格证明书、安装使用说明书以及出厂试验报告，且符合设备订货合同的规定。

检查验收完如不能及时安装，现场保管应按运输的原包装放置于平整、无积水、无腐蚀性气体的场地，如在室外放置需垫上枕木并加蓬布遮盖；瓷绝缘子保管应符合产品技术文件要求。

相对断路器和 GIS，隔离开关和接地开关对安装环境条件的要求没那么高，即使是户外设备，只要在无风沙、无雨雪条件下就能进行施工。安装前的准备工作包括工器具、起重设备和辅助材料的落实，设备构架、基础和接地线检查，这里特别要提出对设备构架或设备底座水平度和垂直度的关注，严格检查对调试有益。

现场安装工作应严格按施工及验收规范和生产厂家的要求进行，严格遵守现场不得进行焊接或切割装配工作的规定。

隔离开关的现场安装应遵守以下原则：

（1）现场装配的传动件、相对转动的零件应加二硫化钼锂基润滑脂进行润滑，并应转动灵活。

（2）机构输出轴与传动轴的连接紧密，定位销无松动。

（3）主刀闸与地刀闸的机械联锁可靠，并有足够的机械强度，电气闭锁动作可靠。

（4）设备引线应有一定的弧度，避免产生附加拉伸和弯曲应力。

（5）所有紧固件均应按生产厂家要求的力矩值紧固。

（6）如需加垫片调整设备底架与基础的水平度，最多只能使用一片。

2. 调试和验收投运

隔离开关和接地开关安装完成后应先进行手动操作，以检查各部分的动作情况，如阻力偏大或转动不灵活即可进行调整，操作中除了观察主回路开合外，对机构中的辅助开关切换和缓冲器位置也要检查，符合要求后再进行电动操作，有关调试的项目和要求均须达到生产厂家的安装使用说明书规定。设备投运前的验收要求也如此，应操作灵活，导电臂、传动连杆过死点，动、静触头接触对中良好，机构缓冲、设备接地符合规定等基本要求是必须要达到的。不同专业人员对验收的要求是不一样的，施工安装验收符合生产厂家规定即可，运行验收则还需满足一些特殊的要求，如利用辅助开关的触点实现母线差动保护，就要求触点能延时切换，且就地和远方操作都要满足；户外设备机构箱对防雨的要求在南方会更加看重，而隔离开关与接地开关之间的机械闭锁在运行验收中是必不可少的，由于涉及人身安全，该装置一定要可靠。

六、报废和处理

设备运行到一定的年限后，通过状态评估，再结合缺陷记录和检修报告反映的情况，在此基础上根据技术经济综合分析可决定隔离开关是否能继续使用或报废。隔离开关使用年限一般按设备寿命考虑，但是当设备因系统原因造成通流能力不足（如线路输送容量提高），或自身缺陷较多，特别是户外设备因环境影响造成锈蚀等原因，从技术和经济上分析其继续运行不再合理，可考虑申请进行改造，对缺陷多的设备也可申请提前退役。退役设备的处理也可分再利用或报废，对通流能力小的隔离开关还可在终端变电站中得到应用。

第二节　运行巡视和操作

运行巡视主要是检查设备是否处于正常状态，同时也会针对巡视中发现的小缺陷做一些维护，由此巡视又可称为巡检；而对于隔离开关和接地开关，操作后运行人员到现场确认动作位置也可认为是巡视。以往运行巡视由变电站运行人员负责，随着状态检修制度的推广，运行巡视的内涵有了新内容，增加由检修人员负责的专业巡视，同时也还参与到特殊巡视中。有关巡检的要求介绍如下：正常巡视由运行人员负责，具体要求见表5-1；专业巡视由检修人员负责，要求参见表5-2；特殊巡视由运行人员和检修人员共同参与，表5-3给出了需要关注的内容。关于巡检的周期，用户可根据自己的经验和习惯安排，但定期开展本项工作的要求是明确的，即投入电网运行和处于备用状态的隔离开关必须定期进行巡视检查，对各种值班方式下的巡视时间、次数和内容也要有明确的规定。专业巡视原则上每季度 1 次，或按电网迎峰度夏前、期间和迎峰度冬前安排；若有 D 类检修计划可合并实施（其中红外测温为必做项目），此外还要对已知出现过问题的同类设备安排巡检，检查本单位设备是否存在同样的隐患。特殊巡视是根据天气、负荷变化、设备状况和用电要求安排的，如夏季用电高峰期间对接线端子检查，导电回路红外测温，雾季利用夜巡观察绝缘子表面电晕现象，冬季检查设备上的结冰或冻雨影响情况等。此外遇到下述情况也应安排特殊巡视：

（1）设备负荷有显著增加；

（2）设备经过检修、改造或长期停用后重新投入运行后；

（3）设备有缺陷且近期有发展变化；

（4）恶劣气候、事故跳闸和设备运行中发现可疑现象。

表 5−1   正常巡视检查项目及标准

序号	巡视检查项目	标　　准
1	标志牌	名称、编号齐全、完好
2	瓷绝缘子	清洁，无破裂、无损伤和放电现象；防污闪措施完好
3	隔离开关分、合闸位置	分、合闸位置正确，合闸应过死点，分闸应到限位
4	隔离开关导电回路	触头接触良好，无过热、无变色等异常现象； 设备线夹压接良好，无过热或开裂现象，引线弛度适中； 均压环连接无松动
5	传动连杆、拐臂	连杆无弯曲，连接无松动、无锈蚀； 开口销齐全，轴销无变位、无脱落； 金属部件无锈蚀，无鸟巢
6	法兰连接	无裂痕，连接螺丝无松动、无锈蚀、无变形
7	接地开关	位置正确，平衡弹簧完好； 折臂式接地杆合闸应过死点，分闸上翘高度不超过规定； 接地杆引线完整可靠接地； 引弧杆烧损在规定范围内，灭弧室（如有）外观无异常； 均压环（母线接地开关）连接无松动
8	闭锁装置	机械闭锁装置完好，无锈蚀、无变形
9	操动机构	箱门密封良好，内部无受潮现象
10	构架与接地	构架无变形、无锈蚀； 接地点标志色醒目，引线连接螺栓压接良好

表 5–2　　　　　　　　　　　　　　　专业巡视检查项目及标准

序号	巡视检查项目	标　准
1	瓷绝缘子	清洁，无破裂、无损伤和放电现象；防污闪措施完好
2	隔离开关分、合闸位置	分、合闸位置正确； 折臂式导电杆合闸应过死点，动触头的接触区在规定范围内；分闸后两节导电杆的间距应在规定值内； 具有翻转功能的触头动作后位置应正确
3	隔离开关导电回路	触头接触良好，无过热、无变色等异常现象； 设备线夹压接良好，无过热或开裂现象，引线弛度适中
4	传动连杆、拐臂	连杆无弯曲，连接无松动、无锈蚀； 开口销齐全，轴销无变位、无脱落，与操动机构主轴连接无松动； 金属部件无锈蚀，无鸟巢
5	法兰连接	无裂痕，连接螺钉无松动、无锈蚀、无变形
6	接地开关	位置正确，平衡弹簧完好； 折臂式接地杆合闸应过死点，分闸上翘高度不超过规定； 接地杆引线无断股，连接可靠； 引弧杆烧损在规定范围内，灭弧室（如有）外观无异常； 均压环（母线接地开关）连接无松动
7	闭锁装置	机械闭锁装置完好，无锈蚀、无变形，间隙配合符合要求
8	操动机构	箱门可关严且密封良好，无受潮； 辅助开关切换位置正确； 机构缓冲、限位及行程开关均在正常位置； 变速机构密封良好； 计数器检查； 直流电动机电刷磨损检查； 加热器（如有）检查
9	构架基础与接地	基础沉降检查； 构架或底座检查，水泥构架无开裂或露钢筋，底架锈蚀情况检查； 接地连接良好，引线无断股

表 5–3　　　　　　　　　　　　　　　特殊巡视检查项目及标准

序号	巡视检查条件	巡视检查内容
1	故障跳闸后	隔离开关分、合闸位置是否正确，各附件有无变形；触头、设备线夹有无过热、无松动现象；接地连接情况
2	大风天气	引线摆动情况及有无搭挂杂物，构架变形情况
3	雷雨天气	瓷绝缘子有无放电闪络现象，机构箱是否进水，接地连接情况
4	大雾天气	瓷绝缘子有无爬电、局部有电晕或闪络现象，瓷表面污秽情况
5	冰雪或冻雨天气	结冰对外绝缘和触头的影响并及时处理悬冰，积雪融化时检查接线端子有无发热
6	高峰负荷期间	监视触头、设备线夹有无过热，设备有无异常声音
7	夜间巡视	观察电晕和发热现象

第三节 技 术 监 督

技术监督是设备专业技术管理工作的一项内容，目的是通过技术监督手段反映设备实际状况以确保设备安全运行，同时也可以此作为设备状态评价的基础，为实施状态检修提供依据。

一、运行监督

通过开展缺陷管理来监督设备运行是本项工作的基础，实施状态检修后，原周期检修的概念已彻底打破，由此对运行中发现或暴露出来的缺陷及时安排处理就变得很重要了，按照缺陷管理的分类要求，处理缺陷的时间和闭环要求将是监督的重点，同时还可对消除缺陷的效果进行分析和评价。运行监督的要求见表5-4。需要指出的是红外测温技术对发现导电回路中的问题非常有效，无论是触头接触不良还是接线端子有松动均可反映出来，建议对长期重负荷运行和存在异常的隔离开关设备缩短周期进行检测，当负荷有明显增加时也应及时安排检测。现代仪器的分辨率已能区分几度的变化，这对发现早期缺陷很有帮助，故应将此内容作为重点监督项目。

表 5-4   运行监督项目、方法与标准

项目名称	监督方法	标准（要求）与内容
参数校核	检查设备电流参数	根据年度系统运行方式中给出的开关设备安装地点所需额定电流、额定短路开断电流值，每年定期进行校核
运行记录	检查运行巡视记录	检查隔离开关和接地开关操作次数； 导电回路红外测温情况
缺陷记录	检查消缺情况	缺陷定性正确：根据缺陷分类标准判断无误； 已报缺陷应在规定时间内完成闭环处理； 按有关规定做好缺陷统计分析和上报工作
故障分析	检查故障分析记录	运行中设备发生的事故和重大及以上缺陷均应有书面的技术分析和解决或处理情况的报告； 根据分析结果可提出反事故措施
反事故措施	检查执行情况	反事故措施完成情况，如未完成需要说明原因
状态评价	评价报告	从运行角度提出评价，检修部门一起研究针对存在问题的解决措施
巡视检查	现场巡检	按不同部件分别记录发现的异常现象和问题，认定有缺陷还需填写缺陷记录； 督促开展特殊巡视检查工作

二、绝缘监督

对采用空气绝缘的户外隔离开关和接地开关而言，本项工作主要是处理外绝缘问题，当然对于开合感应电流的接地开关还会有一个小的真空灭弧室的内绝缘需要关注，因接地开关平时不带电，且对开合感应电流也没有严格的开断要求，通常该部件出问题的并不多。由于设备多采用瓷绝缘子，电瓷外绝缘防污闪将是工作重点，通常在设备选用时对绝缘子的几何尺寸、伞型均已提出要求，运行中主要是设法去减少绝缘子表面积污，如设备逢停电必清扫的措施是不可或缺的，安排清扫可结合巡视结果进行，如雾天或夜巡视发现已有明显的电晕、局部放电现象须尽快落实。电晕现象有时还可能是因均压环松动引起的，对此也要有计划地去处理，避免极端情况下出现均压环掉落的被动局面。清扫积污的要求在实际中有的设备因停电问题往往难以做到，特别是对那些地处环境污染较重（如在化工、冶炼、水泥厂附近）或与母线连接的设备，因一端带电，若母线不停电，将无法进行检修和清扫，应该认为当绝缘子的干弧距离和伞型能够得到保证，对防污闪问题还是能有一定把握，如环境污染实在很严重也可采取外加增爬裙的措施，但对绝缘子表面施涂室温固化硅橡胶（RTV）的措施须慎重，因为材料本身老化性能和再施涂时清除已有涂层工作都未得到很好的解决。如果污秽问题已经危及设备的运行安全，就必须进行停电清扫或检修。

三、检修监督

本项工作的目的是把好检修质量关，由于隔离开关安排停电不易，特别是连接母线的设备，故对涉及检修的各个环节均要事先考虑周到，根据状态评价结果首先要确定检修范围和方案，然后落实准备工作：准备检修备品备件、绝缘子探伤、人员安排，制订组织、安全和技术三项措施，编写设备停电计划和检修方案等。检修过程中应加强监督，如是委托生产厂家或外包给有资质的单位进行检修，最好能请第三方在关键节点上见证。检修完的验收工作应该由用户自己去做，这样才能保证检修质量在质保期内不出问题。最后及时完成检修报告和工作总结，总结报告中须反映检修中遇到的问题和处理结果，这样才有利于检修水平的提高。有关检修的要求将在第六章中进行讨论，这里仅强调几点需注意的问题：① 检修备品备件，原则上应从原设备生产厂家进行采购，虽然市场上各种零部件都可以采购到，但非原厂生产的零部件质量无法保证，因为加工零部件除了有图纸，工艺要求、材料性能等也是不可忽视的因素，隔离开关安排一次检修不易，切不可因此而影响检修质量；② 关注绝缘子，结合检修机会有条件时可以开展绝缘子超声波探伤，检查水泥胶装面防水胶情况，如有脱落而水泥胶装质量又不太好时易在缝隙处积水，如果在北方，冬天会结冰，结冰后产生的膨胀力将会损坏法兰甚至造成绝缘子断裂，因此如果防水胶有脱落必须进行处理，重新涂覆防水胶。

四、预防性试验

开展状态检修后预防性试验被分为例行试验和诊断性试验，例行试验在运行状态下做，诊断性试验可结合检修进行，表 5-5 给出了试验项目和要求。由于设备结构简单，可实施的试验项目不多，但效果较好，建议有条件的单位应该积极开展本项工作。

表 5-5　　　　　　　　　　例行试验和诊断性试验项目与要求

试验项目		要　求	说　明
例行试验：红外测温		整个导电回路和接线端子	测量值进行相间比较、与历史值比较
诊断性试验	主回路电阻	整个导电回路	如有异常须进一步分段测量排查
	绝缘子探伤	采用斜波和爬波法测量	与上一次（出厂、交接或最近的）试验值比较

第六章

高压交流隔离开关和接地开关的维护保养和检修

　　高压交流隔离开关和接地开关是电力系统中运行数量最多、受环境和气候条件影响最大的开关设备。因此，精心的日常维护保养、合理的检修周期是隔离开关与接地开关长期安全稳定运行、有效预防事故发生和延长使用寿命的重要保障，尤其是日常的维护保养相对于其他的开关设备显得尤为重要，防腐、防锈、防冰冻、防过热和绝缘子断裂等维护保养措施必须及时到位。不同结构形式、不同生产厂家、不同运行环境条件下的隔离开关和接地开关，在运行过程中所需的维护保养和检修工作可能有不同的要求，应根据实际运行工况采取相应维护和检修策略。

　　隔离开关与接地开关维护保养和检修工作可分为四种类型：日常运行维护、小修、大修和事故检修或临时检修。由于隔离开关与接地开关的导电回路以及传动系统大多暴露于空气中，长期受到风吹、日晒、雨淋和冰雪覆盖等环境条件的影响，更易产生机械和电气方面的故障。因此，相对断路器而言，检修周期应该短一些。

　　（1）日常运行维护：是指运行人员对电网中的隔离开关和接地开关进行生产厂家规定的维护保养和巡视检查，是发现设备缺陷的有效手段。如对导电部分的定期清理、给机构和传动系统进行润滑、查看各导电部位有无过热现象、检查联锁装置是否损坏变形等，也可结合其他设备停电检修的机会对机械传动系统和绝缘子进行检查、清理等维护工作。运行人员进行日常巡视检查时，若发现异常现象，应及时报告进行处理。

　　（2）小修：定期的预防性维护检修和性能测试。小修周期一般为 3 年，或者结合例行检查结果进行安排。小修需要短时间的停电。小修时，除了规定的小修项目外，原则上还应包含全部日常维护的项目。

（3）大修：周期一般为9年，或者与断路器的大修同步进行。大修前应准备好需要更换的零部件，确定大修项目和编制大修方案等。大修时，除了规定的大修项目外，原则上还应包含全部小修项目。

（4）事故检修或临时检修：隔离开关和接地开关在运行或操作过程中发生异常情况或故障时，需要立即停电进行检查和维修。事故检修要根据具体故障或异常情况进行有针对性的检查和维修，即查明故障原因，采取相应措施。检修后应进行规定的试验并合格后方能投运。

高压交流隔离开关与接地开关的运行维护工作一般由变电站的工作人员负责。小修由经过培训的专业检修人员进行，必要时，可要求设备生产厂家派技术人员进行指导。大修应该由经过培训的专业检修人员和设备生产厂家技术人员共同进行，也可委托给设备生产厂家进行。事故检修或临时检修视具体情况而定，必要时需要专业检修人员和设备生产厂家技术人员共同进行。

第一节　检　修　原　则

高压交流隔离开关和接地开关的检修与高压断路器的检修一样，随着电网的发展经历了"事后检修"、"定期检修"和"状态检修"三个不同的阶段，目前实施的是"状态检修"。"状态检修"就是根据运行中设备的运行状态做出评价后再确定是否需要检修，以及进行什么样的检修，是小修还是大修。实施"状态检修"的关键是要做好、做准运行状态的监测和评估，因此，准确、可靠的状态监测技术和科学的状态评估与故障诊断技术是确保实施"状态检修"的基础。"状态检修"并不意味着绝对取消定期检修的概念。

随着运行部门对电力企业资产全寿命周期管理认识的不断提高，高压交流隔离开关和接地开关的检修原则可能会进一步提升为可靠性检修的概念，也就是检修工作并不单纯是为了使其恢复技术功能，同时还要综合考虑设备的风险、使用价值和在电网中的重要性，何时进行检修要与运行状态、检修成本（如人工、车辆、备品备件、试验等费用和停电时间、停电损失），以及运行可靠性等进行综合考虑来决定，当然要做到这样的检修可能还要相当长的时间。在今后相当长的一段时间内，高压交流隔离开关和接地开关同断路器一样，其检修原则是"状态检修、应修必修、修必修好"。

需要指出，贯彻"状态检修、应修必修、修必修好"检修原则的同时也要注意下述三个问题：一是高压交流隔离开关与接地开关在运行中可能会发生突发故障，这可能会增加临时性检修的概率，同时运行单位对设备可能发生的故障或缺陷应有必要的应对预案和检修措施；二是随着系统装用量的不断增长和设备制造工艺、装配工艺的不断提高，生产部门须改变以往对运行设备要"用好、管好、修好、改好"的管理观念，应将工作重点放在"用好、管好"上，也就是要做好日常的运行巡视检查和维护保养，以及紧急的缺陷处理工作，将检修或完善化技术改造工作交由专业检修单位或生产厂家，只需做好检修监督和验收工作，确保检修质量；三是高压交流隔离开关和接地开关的结构比高压断路器简单得多，但是它们是裸体运行的，受环境气候影响要严重得多，而且运行数量又比断路器多得多，所以执行"状态检修"后对于隔离开关和接地开关而言，状态的监测和评估、日常的巡检和维护保养工作可能要比检修工作本身更为重要。

一、检修前的准备工作

高压交流隔离开关和接地开关检修前应做好下述几项工作：

（1）根据运行中发现的问题和上次检修的情况，结合修前的技术性能测试结果，确定检修级别、重点检修的项目和内容。

（2）组织检修队伍，安排检修计划，制订并落实安全措施及检修人员的人身防护措施，指定安全负责人。

（3）准备检修工具、材料、备品备件、试验设备和仪器仪表，并运至现场。

（4）准备有关维护和检修的技术资料、图纸、检修记录和检修报告。

（5）按相关规定办理工作许可手续，落实现场安全措施、划定现场工作范围。

（6）进行修前机械性能测试和外观检查，检测项目主要是回路电阻，在最高、额定、最低电源电压下的分合闸动作情况、分闸时间、接地开关和隔离开关的电气、机械联锁状况，辅助触头和位置指示器的动作配合，手动操动的情况等内容。

表6-1为检修时的常用工具和仪器设备，表6-2为辅助材料，表6-3为现场检修常用备品备件，表6-4为安全和人身防护预控措施，表6-5为隔离开关和接地开关检修前后应检测的主要项目。

表6-1　　　　　　　　　　　　常用工具和仪器设备

序号	名　　称	型号规格（精度）	单位	数量	备注
1	开口扳手	6～24	套	1	工具
2	套筒扳手	10～24	套	1	

续表

序号	名　称	型号规格（精度）	单位	数量	备注
3	铁榔头	1.5 磅	只	1	
4	木榔头	—	只	1	
5	一字螺钉旋具	2″、4″、6″、8″	套	1	
6	十字螺钉旋具	2″、4″、6″、8″	套	1	
7	力矩扳手	10～150N·m	套	1	
8	游标卡尺	0～125mm	套	1	工具
9	塞尺	0.02～1.0mm	套	1	
10	卷尺	—	把	1	
11	活扳手	≥15 英寸	把	1	
12	尖嘴钳	—	把	1	
13	水平尺	—	把	1	
14	线锤	—	只	1	
15	回路电阻测试仪	DC 100 A	台	1	试验仪器
16	万用表	—	只	1	
17	移动线盘	220V	只	1	
18	安全带	全身式	副	3	安全工具
19	临时接地保安线	＞25mm²	副	3	
20	绝缘梯	3m	张	1	
21	登高机具	10m 以上高空作业车或高空升降平台	台	1	大型机具
22	吊索	4 m/500kg	条	4	小修
23	吊索	1000kg	条	1	大修
24	汽车吊	3t 以上	台	1	大修

注　此表以 GW7B-252 隔离开关为例，其他规格型号产品的检修维护用工具和仪器与此基本相同，以各厂家的产品检修维护手册为准。
　　1 英寸≈2.54 厘米，1 磅≈0.45 千克。

表 6-2　　　　　　　　　　辅　助　材　料

序号	名　称	型号规格	单位	数量	备注
1	无水乙醇	500mL/瓶	mL	500	
2	电力复合脂 DG-1	500g/盒	g	200	
3	百洁布	10块/包	包	1	

续表

序号	名　称	型号规格	单位	数量	备注
4	餐巾纸	25 张/包	包	2	
5	旧棉布		kg	0.3	
6	记号笔		支	0.5	黑色
7	2 号二硫化钼锂基润滑脂	800g/盒	g	300	
8	防锈漆	—	kg	0.5	
9	清洗剂	—	瓶	2	
10	松动剂	—	瓶	1	
11	中性凡士林	—	kg	0.5	
12	钢丝刷		把	1	
13	漆刷	1.5 寸	把	4	
14	漆刷	2 寸	把	3	
15	砂纸	0 号	张	6	

注　此表以 GW7B–252 隔离开关为例，其他规格型号产品的检修维护用辅消材料与此基本相同，以各厂家的产品检修维护手册为准。

1 寸≈3.33 厘米。

表 6–3　　　　　　　　　　**现场检修常用备品备件**

序号	名称	使用部位和功能	图　　示	数量	备注
1	触片	动触头末端钳夹用触片		6	
2	弧角	动触头末端用导向弧角		3	
3	绝缘板	动触头用连接板		6	
4	弹簧	动触头内部用复位弹簧		12	
5	软连接	上、下部导电管连接处软连接		6	

续表

序号	名称	使用部位和功能	图　示	数量	备注
6	触头	接地开关末端动触头		3	单地
				66	双地
7	触片	接地开关静触头内部触片		24	单地
				48	双地
8	板	动触头内部连接板		3	
9	弯板	动触头根部连接弯板		3	
10	蝶形弹簧	动触头内部压紧碟簧		12	
11	软连接	底座与接地开关连接处软连接		6	单地
				12	双地
12	定位件	下部导电杆定位件		3	单地
				6	双地
13	轴	动触头固定触片支撑轴		3	单地
				6	双地

注　此表以 GW10A-252 型隔离开关为例，其他规格型号产品的常用备品备件以各厂家的产品检修维护手册为准。

表 6-4 安全和人身防护预控措施

防范类型	危险点	预 控 措 施
人身触电	接拆低压电源	检修电源应有漏电保护器，电动工具外壳应可靠接地
		（1）检修人员应在变电站运行人员指定的位置接入检修电源，禁止未经许可乱拉电源，禁止带电拖拽电源盘； （2）拆、接试验电源前应使用万用表测量，确无电压方可操作
	误碰带电设备	（1）吊车进入高压设备区必须由具有特种作业资质的专业人员进行监护、指挥，按照指定路线行走及吊装； （2）工作前应划定吊臂和重物的活动范围及回转方向
		在变电站进行的隔离开关停电维护及检修工作应增加保安接地线
		隔离开关停电维护及检修时，如果有交叉工作，工作人员必须按规范作业并且相互间要协调好
其他伤害	人员操作不当	严禁在合闸位置，脱开机构
	高空坠物	严禁高空抛物，工作人员必须佩戴安全帽

表 6-5 隔离开关和接地开关状态检测主要项目

序号	部位	项目		数据记录	
				修前	修后
1	零部件	连板、拉杆类	外形、尺寸、表面处理情况		
		触片、触指类	外形、尺寸情况		
			镀层情况		
			导电脂情况		
1	零部件	轴套、轴承配合部位	润滑脂情况		
		弹簧类	外形、尺寸及力值情况		
		螺栓、螺钉连接类	外观、紧固情况		
2	机构	辅助回路和控制回路	绝缘电阻		
3	整体	主回路	回路电阻		
		主刀闸分闸	最小绝缘距离		
		接地刀闸分闸	最小绝缘距离		
		接地开关分闸	最小绝缘距离		
		主刀闸分合闸	位置指示器的正确性		
			分合闸时间		
			分合闸最终位置		
4	联锁装置	电气与机械联锁	电气联锁是否可靠		
			机械联锁是否可靠		
			部件是否有变形或损坏		

应该强调，高压交流隔离开关和接地开关的检修要比高压断路器简单得多，因为其各种部件基本上都是裸露的，所以检修的重点是检查机械部件是否有锈蚀、变

形或损坏，联锁装置是否安全可靠，分合闸是否到位，整个机械动作传动链是否正常，辅助开关是否正确切换。

二、小修和大修

对设备不解体进行的检查和维修属于小修，工作内容主要是对隔离开关和接地开关进行维护保养和部分零部件的拆解、维修或更换。小修主要是机械传动部件和触头、导电连接部位的检查和维修，尤其是主回路的接触和连接部件的检修。

大修是对设备各个部件进行全面的解体检查、修理或更换，使其重新恢复隔离开关和接地开关技术标准要求的技术性能。大修主要是对已经影响设备技术性能的部件解体检修，未发生影响设备技术性能的部分可不必解体检修，如支柱绝缘子或操作绝缘子，只要没有发生断裂或损坏现象就不必全部解体检修。

高压交流隔离开关和接地开关的小修和大修以前一般都是与断路器的大、小修相配合，但是由于真空断路器和 SF_6 断路器的运行可靠性大幅度提高，如果一味坚持高压交流隔离开关和接地开关的检修周期与断路器同步，可能会导致部分隔离开关或接地开关发生失修现象，从而影响变电站整体运行可靠性，这点应该引起运行单位的注意，典型的大修流程见图 6-1。

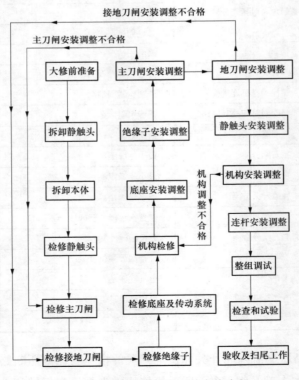

图 6-1 高压交流隔离开关大修流程

三、状态监测、评价和检修

鉴于高压交流隔离开关和接地开关的结构相对简单且绝大部分部件裸露在外，因此对隔离开关和接地开关的状态检修要比断路器容易。国家电网公司只对隔离开关和接地开关的巡检和例行试验项目做出了规定，巡检主要是检查是否有影响设备安全运行的异物，如鸟巢等；支柱绝缘子是否有破损、裂纹；传动部件、触头、端子接线、接地线等外观是否有异常；分合闸装置及指示是否正确。巡检周期为：550kV 及以上至少 2 周 1 次，252kV 及 363kV 至少每月 1 次，126kV 及 72.5kV 至少 3 个月 1 次。为了监测设备是否过热，应定期使用红外热像仪检测隔离开关的触头、端子接线以及连接部位的温升和温度变化，一般 550kV 及以上隔离开关每月 1 次，252kV 及 363kV 每季度至少 1 次，126kV 及 72.5kV 每半年 1 次。在夏季高温期间应适当增加测试次数。状态检修中的例行检查相当于设备定期检修时每年进行的预防性试验，需要短期停电，以获取设备状态量、评估设备状态，及时发现事故隐患。例行检查和试验的项目是全面检查隔离开关的机械动作状态，紧固件的腐蚀和紧固状况，支柱绝缘子法兰胶装部位是否有开裂、脱胶，触头及触头弹簧是否有烧损、变形、损坏、退火等情况，联锁装置是否正常，机构箱是否有变形、门关不严、漏水等情况，机构箱内二次回路接线端子、加热器是否正常，所有轴承和传动部件是否正常，润滑脂有否跑漏，密封部位是否良好等。隔离开关应进行主回路电阻测量，需要时应对支柱绝缘子进行超声波无损探伤。

高压交流隔离开关实施状态检修的关键是通过正常的运行巡视和例行检查及试验，判断设备的健康状态，进行相应的检修工作，做到应修必修，修要修好。

四、技术改造

按设备资产全寿命周期管理的理念，高压交流隔离开关或接地开关出现下述几种情况时需要进行设备的技术改造：① 使用年限接近设备使用寿命；② 设备运行地点的额定电流或动热稳定电流接近或超过设备的额定值；③ 设备具有重大的技术缺陷或家族性设计、制造缺陷，不能保证本应具有的技术性能。技术改造可以是对缺陷部分的局部改造完善，也可以是整台设备的更新，采用哪种改造方案要视改造的范围，通过综合的技术经济比较来决定，不同的运行位置、不同的运行单位可以采用不同的技术改造方案。但是，应该强调，采用局部改造方案时必须确保高压交流隔离开关或接地开关的整体技术性能满足技术标准和运行部门的要求。

技术改造所涉及的材料、部件、装配、结构等的改造措施应通过相应试验考核后方能实施，改造完成后应进行相应的交接试验。

第二节　检修管理与质量控制

为确保检修质量，做到"应修必修，修必修好"，运行部门应对检修工作进行严格管理，做好组织、技术和安全工作，确保检修质量，通过检修使高压交流隔离开关和接地开关能够完全恢复到最佳工作状态。

一、检修管理

基于"状态检修"的检修管理基本流程和要求如下：

1. 编制检修计划，落实停电安排

在状态评价的基础上，先提出年度检修计划，经与有关部门研究协调后可确定安排在一年中的合适时间，到了该时段再向调度部门提出申请，具体落实停电安排时日。

2. 编写检修方案和现场作业指导书

检修方案除应满足生产厂家的规定外，还应充分参考待修设备的运行记录和缺陷报告，运行记录将反映隔离开关或接地开关操作情况，通过缺陷报告可以了解待修设备在运行中出现过的异常现象。检修前还应进行修前外观检查和机械性能测试，以判断被修设备的技术状态，这点应在检修方案中明确。

检修作业指导书是将检修方案具体化的一个文件，以便现场人员使用，因此其可操作性一定要强，可以具体指导检修工作开展。编写作业指导书时一方面要参考生产厂家的检修工艺导则，另一方面还要结合检修内容提出具体的技术和操作要求，如对缺陷处理的要求，使指导书真正能发挥指导作用。作业指导书的形式有多种，可以是表格打钩的，也可以是工艺卡的，但每道工序完成后均应要求有一可供检查或验收的项目，以保证检修质量。

3. 编写检修报告

一份合格的检修报告应该反映出多种信息，一是检修内容，要求要有具体的说明，凡是可以用数据表示的切忌用打钩来替代，打钩既无法与上次检修结果比较，也不利于验收；二是检修中处理的问题一定要有具体的描述，以便积累经验和日后追溯；三是各种记录尽可能要齐全，如当时的环境条件、天气情况、各种计数器的实际数字、检修后进行的试验数据；四是验收结论内容中应包括对检修工作的评价，并明确给出是否能够投运或达到了运行标准的意见。

检修报告作为可追溯的技术文件应纳入验收工作范围，只有拿到合格的检修报告，验收工作才算结束；而有此报告，日后一旦设备在运行中出现问题便可协助查找原因，如在质保期内还可以对检修质量进行考核。

4. 检修验收

检修完成后的验收是一个非常重要的环节，虽然从管理角度上讲，对检修有质保期和返修率的考核，但毕竟这都是事后补过，不如抓好验收工作，减少日后因检修质量不佳而出现问题的概率。随着检修形式的多样化或市场化，往往会由系统外的专业检修队伍负责检修，此时对验收的意义就更为重要了。

验收除了看试验报告外，对重要的设备验收可以和检修工作同步进行，以保证检修质量。对某些重要项目还应进行抽查复核，对隔离开关和接地开关的机械特性，要求各相的实测数据应在规定范围的中间区域，尽可能减小三相回路电阻或触头动作时间、行程的分散性。应避免一相的数据在规定值的上限，另一相的数据又偏下限的情况，如出现这种现象须设法进行调整，直到相互间比较接近。验收中还应注意检查检修工艺，有时试验项目和结果均无问题，但检修工艺很粗糙，接线或外观看上去就达不到要求，对此需重新处理后方能通过验收。

二、检修质量控制

根据隔离开关和接地开关检修工作性质，对检修质量控制可以从下述三方面着手：

（1）确保对每台设备的检修方案和检修作业指导书的正确性和完整性，无论是自己修还是委托别人修都需要这两个文件，前者这么要求的意义不言而喻，后者主要是为了验收。编写的文件除要按照生产厂家规定和参考以往同型号设备检修经验外，还需了解待修设备在运行中发生过的异常情况；在每道工序完成后的质量控制点上应有明确的标准可对照检查。

（2）仔细核对按检修方案准备的备品备件的型号和质量，做到备件无差错、质量有保证。

（3）复核检修人员上岗资格和是否熟悉设备结构、检修要求，如检修人员无上岗证或不熟悉待修设备的基本结构和检修技术，应对其先进行培训，学习和掌握设备结构和检修工艺后方可上岗。检修人员的技术水平决定检修质量，运行单位要严把检修人员资质关。

三、检修后的调试、验收和投运

高压交流隔离开关和接地开关的各个组成部分是密切关联的，对某一部分的检修，往往都会影响整体设备的性能。因此隔离开关和接地开关的检修方式与断路器有明显的不同，即无论是小修还是大修，常常是各部分同时进行检修，调试和验收检查项目也是针对整体而言的，检修后的检查项目与标准见表6-6，检查项目也不再区分小修或大修，而是根据实际的检修情况从表中选择。

表6-6　　　　　　　　　　检修后的检查项目与标准

序号	检验项目		技 术 要 求
1	零部件装配质量检查	零部件检查	（1）各零部件外形及尺寸正确，镀层完好、光亮； （2）组装后的部件所有固定接触处应紧固，所有传动、转动部分应灵活，润滑部位应润滑均匀； （3）静触头触片装配后，其触指接触面应平整
		绝缘子检查	（1）安装尺寸应符合要求； （2）外观无伤痕，浇装处应无裂痕及松动； （3）每相绝缘子按高度差检查，按不大于2mm进行选配
		组装检查	（1）底座装配后，轴承座转动部分应转动灵活，限位正确； （2）绝缘距离检查； （3）动、静触头接触良好，用0.05mm塞尺检查，不允许通过
2	主回路电阻测量		符合厂家规定
3	操动机构检查		（1）接线正确性检查； （2）绝缘电阻测量； （3）二次回路工频耐压2000V，1min无击穿及闪络现象
4	总装检查	机械操作试验	（1）隔离开关与接地开关分闸与合闸最大操作力大致相同，最大操作力不大于120N； （2）三相合闸同期性不大于30mm
			（1）检查辅助开关的性能： 1）合闸时辅助开关触点应在触头可靠接触后切换； 2）分闸时辅助开关触点应在断口距离达到80%及以上后切换。 （2）隔离开关应能可靠地连续进行分、合闸操作70次，其中： 100%额定操作电压下分、合闸操作各50次； 85%和110%的额定操作电压下分、合闸操作各10次。 （3）接地开关应能可靠地连续进行分、合操作各50次

第三节　维护保养和检修

一、导电回路的维护保养与检修

导电回路是高压交流隔离开关与接地开关的核心部分，输电线路（电力设备）的导通、断开与接地，最终都是由隔离开关或接地开关的导电回路实现的。根据有关资料的统计数据，隔离开关的危急和严重缺陷主要出现在导电回路上，占到了50%以上，尤以导电回路发热最为突出，达29.8%，因此，各种结构形式的隔离开关与接地开关，其导电回路都是运行维护和检修工作的重点。电力系统中隔离开关与接地开关导电回路的典型结构形式见表6–7。

表 6–7　　　　　　　　　隔离开关与接地开关导电回路的典型结构形式

序号	导电回路类型	导电回路结构图
1	三柱水平旋转式	1—接线端子；2—静触头；3—动触头；4—导电管
2	双柱水平伸缩式	分闸位置示意 1—接线端子；2—静触头；3—导电管；4—软连接；5—动触头
3	双柱水平旋转式	1—接线端子；2—导电管；3—爪侧触头；4—球侧触头； 5—导电管；6—接线端子
4	双臂垂直伸缩式	分闸位置示意 1—动触头；2—静触头；3—导电管；4—接线端子

序号	导电回路类型	导电回路结构图
5	单柱垂直伸缩式	 1—动触头；2—静触头；3—导电管；4—接线端子
6	单刀立开式	 1—均压环；2—接线端子；3—静触头；4—动触头；5—导电管；6—接线端子
7	（接地开关）直杆式	 1—静触头；2—动触头；3—导电管；4—软连接

1. 导电回路的维护保养

导电回路的运行维护主要是外观性检查。例如，触头、高压引线等外观是否正常，是否有影响设备安全运行的异物，分合闸位置是否正确等。下面以单刀立开式

130

和三柱水平旋转式隔离开关为例，介绍导电回路的运行维护，如表 6-8 所示。

表 6-8　　　　单刀立开式和三柱水平旋转式隔离开关导电回路的维护保养

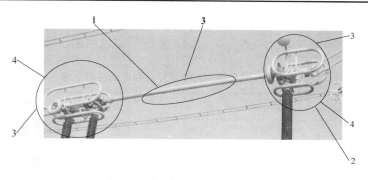

单刀立开式隔离开关导电回路结构

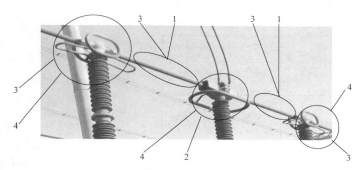

三柱水平旋转式隔离开关导电回路结构

序号	维 护 内 容	标 准
1	导电管（杆）表面	表面光洁，无污迹、锈蚀、破损和变形
2	分、合闸是否到位	分、合闸到位
3	电回路各位置表面温度有无异常	红外检测，各位置无明显异常
4	是否有影响设备安全运行的异物，如鸟窝、蜂巢等	无异物

2. 导电回路的小修

导电回路的小修是对局部的检查、拆解、维修和更换。小修除了包含所有运行维护的项目外，还应包括以下项目：

（1）检查清理动、静触头及其触指、触片的表面以及外形情况，打磨清理并重新涂覆导电脂。确保触指、触头接触良好，触指、触头应无烧损。

（2）检查均压环表面和变形情况。根据实际情况确定是否更换。

（3）确认软连接接触良好，无撕裂等损坏现象，如有损坏需更换，更换时导电接触面需砂光，重新涂覆导电脂，连接螺栓按力矩要求进行紧固。

（4）检查防雨罩有无损坏，有则更换。防水胶密封完好，能达到防水、防尘的要求，如有开裂，应清理干净后重新涂覆。

（5）各部位螺栓紧固检查。

下面以单柱垂直伸缩式隔离开关为例，介绍导电回路的小修，如表 6-9 所示。

表 6-9   单柱垂直伸缩式隔离开关导电回路的小修

序号	检修内容	标　准	
1	动、静触头、触指、触片等表面和变形情况	无锈蚀、无烧蚀、无变形等	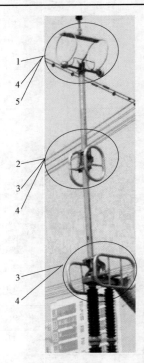
2	均压环表面和变形情况	无污迹、无烧蚀、无变形等	
3	软连接均压环表面和变形情况	无撕裂、无断层、无扭曲变形，表面干净	
4	各部位螺栓情况	无松动、无锈蚀和损坏，全部做紧固确认	
5	触指弹簧压紧力是否符合要求	不符合要求的应予更换	
6	根据情况对局部拆解	对拆解后内部零部件有损坏的需更换	单柱垂直伸缩式隔离开关导电回路结构

3. 导电回路的大修

（1）导电回路的大修项目。导电回路的大修需要对整个导电回路零部件进行解体检修，具体应包括以下项目：

1）导电回路的所有小修项目。

2）检查有镀层的零部件，如触指、触片等，查看有无锈蚀、烧蚀、氧化和变形情况，用百洁布打磨、无水乙醇擦洗，更换已经损坏零部件，复装时涂覆导电脂。隔离开关动、静触头典型结构示意图如图 6-2 所示，接地开关动触头的典型结构示意图如图 6-3 所示。

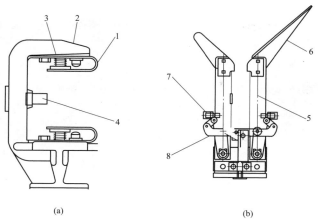

(a)　　　　　　　　　(b)

图6-2　隔离开关动、静触头典型结构示意图

（a）触指型静触头；（b）钳型动触头

1—触片；2—触头座；3—弹簧；4—止挡块；5—触片；6—导电件；7—缓冲件；8—弯板

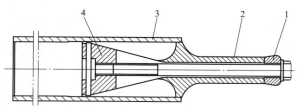

图6-3　接地开关动触头的典型结构示意图

1—触头；2—头尖；3—导电管；4—涨紧块

3）检查复位弹簧、夹紧弹簧等弹簧件有无锈蚀、尺寸和力值变化的情况，锈蚀轻微的应刷除铁锈，涂防锈油；若锈蚀、变形严重应更换；尺寸和力值已改变的应更换。

4）检查所有的弹性圆柱销和复合轴套，若有生锈、开裂或变形均应更换。

（2）隔离开关动触头大修实例。下面介绍一种垂直伸缩式隔离开关动触头的拆解大修步骤，如图6-4所示。

二、机械传动系统的维护保养和检修

隔离开关的传动系统从广义上讲，包括了如高压侧的触头翻转系统和折臂传动系统、低压侧的连杆传动系统以及操作绝缘子，其作用是将操动机构的驱动力传递到动触头使隔离开关完成分、合闸操作。同样，接地开关的传动系统也包含了导电回路的折臂传动系统和连杆传动系统。本节所述的传动系统特指隔离开关与接地开关的连杆传动系统，典型结构如图6-5所示。

相对断路器而言，隔离开关与接地开关的传动系统要复杂一些，由于结构所限，许多传动件不得不暴露于空气中，因此受环境影响较大，需认真加以对待。

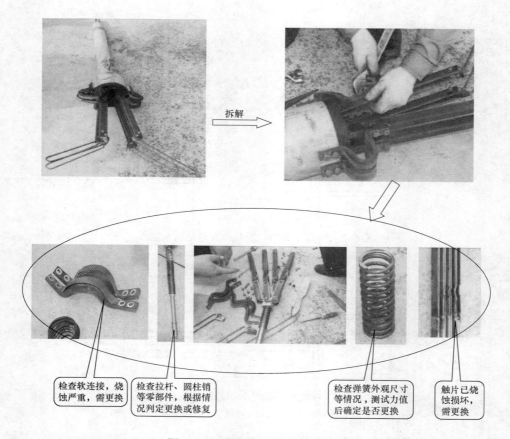

拆解

检查软连接，烧蚀严重，需更换
检查拉杆、圆柱销等零部件，根据情况判定更换或修复
检查弹簧外观尺寸等情况，测试力值后确定是否更换
触片已烧蚀损坏，需更换

图 6-4　隔离开关动触头大修实例

1. 机械传动系统的维护保养

传动系统的运行维护，主要应关注：

（1）检查传动系统各零部件表面锈蚀、污迹情况，表面镀（涂）层是否磨损、脱落。

（2）检查轴套、铰链处有无变形、移位和锈蚀等，润滑油是否变质、凝固。

（3）检查紧固螺栓有无松动、脱落，挡圈是否锈蚀、脱落。

（4）检查连杆是否变形，连接是否可靠。

传动系统应定期进行操作检查，以避免出现因部件变形、运动卡滞，而造成的开关分、合闸不到位，甚至拒动的故障发生。

2. 传动系统的小修

传动系统的小修是对局部的检查、拆解、维修和更换，除包含所有运行维护的项目外，还包括以下项目：

（1）对所有的轴套、铰链处进行润滑。

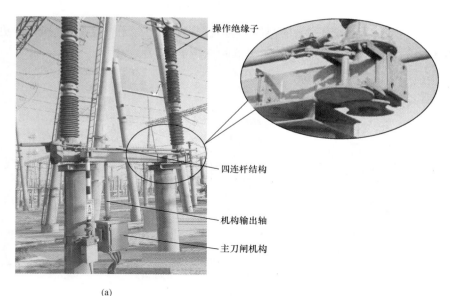

（a）

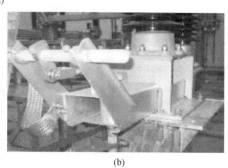

（b）

图 6-5　隔离开关与接地开关传动系统的典型结构

（a）隔离开关；（b）接地开关

（2）操作隔离开关与接地开关拉杆、连杆，确认运动无卡滞，且分、合闸到位。

（3）检查各拉杆、连杆尺寸，如有变化，按要求尺寸调节到位。

（4）各部位螺栓紧固情况检查。

图 6-6 为典型的四连杆结构传动系统小修位置示意图。

3. 机械传动系统的大修

传动系统的大修是对传动部件整体的拆解检修，除包含所有小修项目外，还应包括以下项目：

（1）检查所有弹簧的锈蚀、尺寸和力值情况，锈蚀轻微的应刷除铁锈，涂防锈油；若锈蚀、变形严重或尺寸、力值已经改变，应予更换。

（2）检查轴承座、轴承、密封圈等应完好，杠杆无变形，润滑脂无变质。若零部件已损坏，如轴承磨损、密封圈开裂、杠杆变形等，应予更换。轴承座复装后应转动灵活，无卡滞，密封完好。传动系统中一种典型的轴承座结构如图 6-7 所示。

（3）检查各拉杆和连接头的螺纹是否完好，焊接处有无裂纹，若有损坏应更换。

（4）检查各轴销、挡圈等情况，若有损坏应更换。

（a）

（b）

图 6-6　四连杆结构传动系统小修位置示意图

（a）示意图一；（b）示意图二

三、机械联锁装置的维护保养和检修

机械联锁装置一般用于高压交流隔离开关装有接地开关的时候，在这种情况下，隔离开关与接地开关除应装有电气联锁外，如果可能还要装有机械联锁装置，以确保隔离开关合闸时，接地开关不能合闸，或者接地开关合闸时，隔离开关不能合闸，即满足"主合—地分，主分—地合"的要求。长距离机械联锁的典型结构如图 6-8 所示。

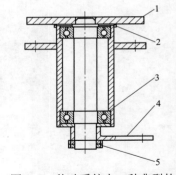

图 6-7　传动系统中一种典型的轴承座结构

1—杠杆；2—密封圈；3—轴承；

4—连板；5—小圆螺母

1. 机械联锁装置的维护保养

机械联锁装置的运行维护主要应关注：

（1）联锁部件是否锈蚀、变形。

（2）紧固件是否松动、脱落。

（3）零部件相对位置是否正确。

隔离开关合闸、分闸位置机械联锁的典型结构原理示意图分别如图 6-9 和图 6-10 所示。

如图 6-9 所示，隔离开关处于合闸位置，接地开关处于分闸位置，推拉式拉杆阻止接地开关垂直操作杆上的圆盘（凸轮）旋转，实现联锁功能。

如图 6-10 所示，隔离开关处于分闸位置，接地开关处于合闸位置，推拉式拉杆阻止接地开关垂直操作杆上的圆盘（凸轮）旋转，实现闭联功能。

图 6-8　长距离机械联锁的典型结构

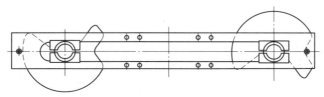

图 6-9　机械联锁原理示意图（隔离开关合闸位置）

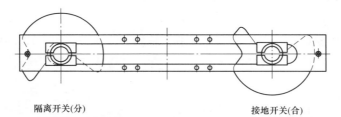

图 6-10　机械联锁原理示意图（隔离开关分闸位置）

2. 机械联锁装置的检修

机械联锁装置的检修应包括以下项目：

（1）机械联锁装置的所有运行维护的项目。

（2）对松动的螺栓、螺母进行紧固。

（3）对零部件进行必要的润滑。

（4）更换变形、锈蚀、损坏的零部件。

（5）复装后，对机械联锁装置的功能进行检查，满足"主合—地分，主分—地合"的要求。

四、接线端子的维护保养和检修

高压交流隔离开关和接地开关的接线端子是导电回路的一部分，除此之外，隔离开关的接线端子通常还兼有其他功能，如作为静触头座。隔离开关的接线端子的典型结构如图 6-11 和图 6-12 所示。

图 6-11　隔离开关接线端子的典型结构（一）　　图 6-12　隔离开关接线端子的典型结构（二）

1. 接线端子的维护保养

接线端子的维护保养应该与日常巡检结合起来，主要包括：查看接线端子及引线是否正常，连接是否可靠，端子是否有变形或开裂损伤。应定期采用红外热像仪，检测端子和触头等电气连接部位有无过热现象。

2. 接线端子的检修

接线端子的检修主要是检查接线端子是否有机械变形和损伤，检查连接螺栓的锈蚀和紧固情况。如发现端子有机械变形或开裂损伤应查明原因并予以更换，对于锈蚀严重的螺栓，如图 6-13 所示，应予以更换。检修时连接面必须拆开，进行清理检查，当接线端子发生机械损伤或锈蚀严重时，应予更换。检修后螺栓连接按力矩标准紧固。

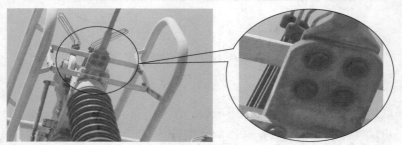

图 6-13　连接螺栓生锈的接线端子

五、支柱绝缘子和操作绝缘子的维护保养和检修

高压交流隔离开关与接地开关的支柱绝缘子是导电回路对地主绝缘，也是带电部分的基座，并要保证开关设备在动静负荷下的机械稳定性。隔离开关的操作绝缘

子除了具有支柱绝缘子的功能以外，主要负责将操动机构的驱动力传递给高压端的触头系统，进行触头的分合操作。隔离开关与接地开关的绝缘子可分为瓷绝缘子和复合绝缘子两种。三柱水平旋转式隔离开关与折臂式接地开关的绝缘子如图 6-14 所示。

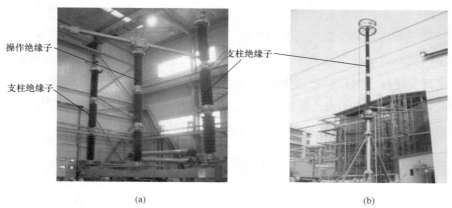

（a）　　　　　　　　　　　　　（b）

图 6-14　三柱水平旋转式隔离开关与折臂式接地开关的绝缘子
（a）隔离开关；（b）接地开关

1. 绝缘子的维护保养

绝缘子的维护保养应该由日常巡检与停电检修相结合。日常巡检主要查看绝缘子有无破损、裂纹，法兰及法兰胶装处是否有进水、结冰或开裂，绝缘子表面污秽是否超出现场等级要求，有无放电痕迹，夜间应观察绝缘子高压端的电晕情况。如果发现有不正常情况，应立即向上级报告，进行处理。绝缘子破损、胶装面开裂情况如图 6-15 所示。

伞裙破损　　　　　　　　　开裂

图 6-15　绝缘子破损、胶装面开裂

139

2. 绝缘子的检修

停电检修时应注意查看绝缘子本体和金属法兰胶装部位有无开裂，防水胶是否出现龟裂等现象。如果绝缘子本体与金属法兰的胶装发生开裂，应及时与生产厂家联系，以确定是否需要更换；如出现防水胶损坏和脱落，应及时对其进行修补。对复合绝缘子要按规定检查其表面憎水性，伞裙是否有变硬发脆、开裂以及爬电痕迹等现象，如有这些现象或憎水性下降，应与生产厂家联系，了解处理的措施。

清理瓷绝缘子时应防止金属器械砸碰，以免对瓷裙造成损伤。清理复合绝缘子表面时，应用清水或无水乙醇进行清洗，严禁使用有较强腐蚀性能的液体清洗，以免对有机绝缘材料造成腐蚀；严禁使用锐器损伤绝缘子表面。

六、基础和支架的维护保养和检修

基础和支架起着固定和支撑隔离开关和接地开关的作用，是确保其安全、可靠运行的根基。

敞开式隔离开关因其断口为空气绝缘，开距大，其支架相比断路器而言要庞大一些，为了能够附装接地开关、联锁装置和传动部件，隔离开关的支架也要比断路器的复杂一些。

隔离开关与接地开关的支架由两部分组成，即底座和支柱，支柱又有混凝土结构和钢结构之分，混凝土支柱是基础的一部分，典型结构如图 6-16 所示。

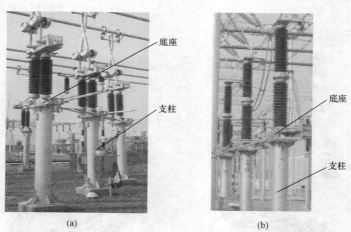

图 6-16　高压交流隔离开关与接地开关支架的典型结构

(a) 隔离开关支架图（钢支柱）；(b) 接地开关支架图（钢支柱）

支架运行维护和检修的关注点如图 6-17 所示。

1. 基础和支架的维护保养

对基础的维护保养主要以日常巡检为主，在检查过程中查看隔离开关基础是否有裂纹、沉降等，对支架的维护保养同样以日常巡检为主。在巡检过程中应注意查看：

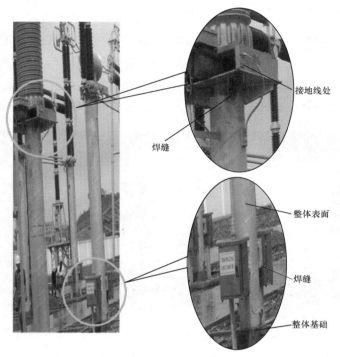

图 6-17　支架运行维护和检修的关注点

（1）整体基础是否有裂纹、沉降等。

（2）分块式基础的分段缝是否有变化，每块基础是否有裂纹，相邻基础是否有沉降等。

（3）支架表面防腐层有无损坏或锈蚀。

（4）支架的焊缝有无裂纹、变形。

（5）支架接地处的连接状况是否良好。

2. 基础和支架的检修

（1）基础和支架的小修。基础和支架的小修内容主要是：

1）对支架的锈蚀、油漆或镀层脱落、焊缝开裂等小的缺陷进行修复。

2）对锈蚀严重的螺栓、螺母进行更换。

3）对螺栓、螺母的紧固情况进行检查。

（2）基础和支架的大修。基础和支架的大修内容除了包含所有的小修项目外，应对锈蚀严重的支架进行更换。

七、操动机构的维护保养和检修

隔离开关与接地开关的操动机构通常有手动操动机构和电动操动机构两种。手动机构由机械减速装置和机构箱壳组成。电动操动机构由电动机、机械减速装置、电气控制系统以及机构箱壳组成。由于隔离开关和接地开关的分、合闸动作简单，并且只需完成单分、单合操作即可，因此其操动机构的原理和结构都要比断路器的操动机构简单得多。常用的机构有 CJ6A 型电动操动机构、CJ6U 型电动操动机构、CJ2–XG 型电动操动机构和 CS20–(X)型手动操动机构等。

CJ6A 型电动操动机构和 CS20–(X)型手动操动机构如图 6–18 所示。

(a)   (b)

图 6–18　CJ6A 型电动操动机构和 CS20–(X)型手动操动机构
（a）CJ6A 型电动操动机构；（b）CS20–(X)型手动操动机构

1. 操动机构的维护保养

（1）电动操动机构的维护保养。电动操动机构的日常维护以外观检查、电器元件检查以及电气控制开关的功能检查为主，CJ6U 型电动操动机构内部结构如图 6–19 所示。电动操动机构主要运行维护项目及要求见表 6–10。

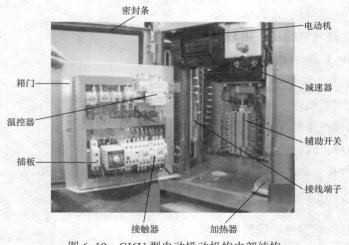

图 6–19　CJ6U 型电动操动机构内部结构

表 6-10　　　　　　　　　　　　　　　电动机构主要维护检查项目

序号	项　目	标　准
1	外观检查	（1）箱体外表干净，无杂物积结，无损伤痕迹； （2）箱体内无凝露、无水滴、无受潮； （3）密封条完好、无老化、无损坏； （4）输出轴无变形、无倾斜（图 6-20）； （5）排水孔无堵塞； （6）无漏油（图 6-21）
2	检查电气元件	接线牢靠，工作正常，螺钉紧固，标示清楚
3	检查加热器	接线牢靠，功能正常
4	检查计数器（如有）	计数正确
5	检查接触器	接线牢靠，功能正常
6	检查辅助开关	接线牢靠，功能正常
7	检查限位开关	接线可靠，外形无变形、无破损，限位正确
8	检查温控器	接线牢靠，功能正常
9	检查继电器	接线牢靠，功能正常
10	分、合闸线圈	动作电压测量
		电阻测量
11	分、合闸时间测量	符合生产厂家要求
12	辅助回路和控制回路绝缘电阻	符合生产厂家要求
13	检查各连接螺栓、螺钉等	无松动、无破损、无锈蚀和脱落等
14	润滑	符合生产厂家要求
15	分合闸位置指示器	与开关位置准确对应

图 6-20　机构输出轴倾斜

图 6-21　机构漏油

（2）手动操动机构的维护保养。由于手动操动机构只有手动机械传动部件而没有电动元件，所以其维护工作较为简单，主要包含以下项目：

1）检查确认机构箱外形完好，无破损、无漏雨。破损实例如图6-22所示。

图6-22　机构箱破损实例

2）检查各连接紧固件，确认无锈蚀、无破损、无脱落。

3）用手柄操作，确认各部分转动灵活，无卡滞，开关位置与分合闸指示器位置对应准确。

2.操动机构的检修

（1）电动操动机构的检修。电动操动机构的检修除了上述运行维护项目外，还应包含以下内容：

1）各电气元件完整，无损坏，接触可靠。

2）辅助开关触点光滑，通、断位置正确，转动灵活。

图6-23　机构内传动齿轮断齿

3）限位开关动作准确，到达规定分、合闸极限位置可靠切断电源。

4）各转动部件无磨损、无变形，蜗轮与蜗杆及齿轮转动灵活；无轴向与径向窜动，各位置润滑脂涂覆完好。齿轮断齿如图6-23所示。

5）轴承及配合表面完好，转动灵活，无卡滞。各转动部位润滑脂无干结、缺损，润滑脂涂覆完好。

6）电动机辅引出线焊接良好，电动

144

机转动正常。

7）二次回路接线端子无锈蚀，标记清晰，接线可靠，辅助开关切换可靠。

（2）手动操动机构的检修。手动机构的检修除了上述运行维护项目外，还应包括以下内容：

1）检查机构箱内表面锈蚀、裂纹和破损。

2）检查内部各紧固件，确认无锈蚀、无破损、无锈蚀、无脱落。

3）检查确认各转动部件无磨损、无变形，蜗轮与蜗杆及齿轮转动灵活；无轴向与径向窜动；各位置润滑脂涂覆完好。

4）检查确认轴承及配合表面完好，转动灵活，无卡滞。各转动部位润滑脂无干结、无缺损，润滑脂涂覆完好。

第七章

高压交流隔离开关和接地开关
常见故障分析与处理

　　运行部门应对高压交流隔离开关和接地开关在安装调试和运行中发生的故障，包括各种缺陷、障碍和事故，定时进行统计和分析，并从中找出发生异常和故障的原因和规律，因地制宜提出预防和防止发生故障的反事故技术措施和管理措施，是确保高压交流隔离开关和接地开关运行可靠性的重要技术管理工作。运行部门建立定期设备运行分析制度，及时发现问题和解决问题，不但可以不断提高运行部门的技术水平和管理水平，同时还可以为制造部门不断提高产品的技术性能、质量水平和设计水平提供有益的参考。

　　根据高压交流隔离开关和接地开关的故障统计和运行分析，影响其安全运行的主要问题是操作失灵、导电回路过热、绝缘子断裂和锈蚀问题。本章对运行中高压交流隔离开关和接地开关经常发生的一些常见故障进行了原因分析，并介绍了一些处理方法和对缺陷和故障的管理，可作为运行和检修人员的参考。

第一节　缺陷与故障管理

　　随着电网的发展和规模的不断扩大，如何使变电站更加安全、可靠地运行，不仅对开关设备本身提出了更高的要求，同时也对设备的缺陷和故障管理提出了新的要求。运行部门也充分认识到了保证设备经常处于良好的技术状态，提高设备的可靠性和利用率，必须加强对设备缺陷的控制管理，这是确保电网安全运行的重要环

146

节，也是妥善安排设备检修和试验的重要依据。

由于高压 SF_6 断路器的广泛应用和技术的不断发展，断路器的使用寿命已经得到了显著提高，使得运行部门摆脱了使用油断路器时的问题多、寿命短、检修频繁的困扰。而在油断路器时代，隔离开关与接地开关的检修常常伴随着主开关同时进行，其问题的严重性和危害性没有得到充分地暴露和全面的认识。随着 SF_6 断路器和真空断路器检修周期的延长，这就使得运行中的高压交流隔离开关与接地开关的运行可靠性的问题逐渐地显现出来，并严重地影响到了电网的安全运行，这一现象已经引起了运行部门的广泛重视。

与高压断路器相比，高压交流隔离开关与接地开关虽然在电网中的作用处于相对次要的地位，然而如上所述，高压交流隔离开关与接地开关缺陷和故障的管理依然是变电站设备管理中不可或缺的组成部分。和断路器一样，隔离开关与接地开关存在缺陷的多少和大小，同样反映出其健康水平和检修质量的高低。在加强对高压交流隔离开关与接地开关缺陷和故障管理的基础上，通过对已发生的大量故障、缺陷的统计分析，可以找出大部分故障或缺陷发生的规律，提前消除隐患，达到不断降低故障率的目的。

一、高压交流隔离开关与接地开关缺陷分类

按照高压交流隔离开关与接地开关的缺陷的严重程度，通常可分为危急、严重和一般三类缺陷。危急缺陷与严重缺陷的分类标准见表 7-1。

（1）危急（Ⅰ类设备缺陷）：对人身和设备有严重威胁，并需立即处理，不及时处理随时可能造成事故。

（2）严重（Ⅱ类设备缺陷）：对人身和设备有严重威胁，尚能坚持运行，对运行影响较大，不及时处理有可能造成事故。

（3）一般（Ⅲ类设备缺陷）：除了（1）、（2）项之外的，并且短时之内不会劣化为严重或危急缺陷的，对运行虽有影响但尚能坚持运行的缺陷。

表 7-1　　　　高压交流隔离开关与接地开关危急缺陷与严重缺陷的分类标准

设备（部位）名称	危 急 缺 陷	严 重 缺 陷
导电回路（包括接线端子、外引线）	严重发热	过热或温度偏高
	外引线断股，截面损失达 25%	外引线断股或松股截面损失超过 7%，但小于 25%
	软连接断片达 20%	软连接断片达 5%，但小于 20%
瓷绝缘子	有严重破损、裂纹	伞群有 2cm² 以上破损，但不影响使用
	晴天时有放电声或严重电晕	表面严重积污，雨雾天放电严重

续表

设备（部位）名称	危　急　缺　陷	严　重　缺　陷
复合绝缘子		材料老化、表面龟裂、起层
传动系统	零部件严重变形、损坏，引起拒动或严重不到位	零部件锈蚀、变形，引起卡滞
机械联锁	联锁失灵	
接地	接地线断裂	接地线连接松动
操动机构	机构箱内部积水，金属件锈蚀严重	机构箱密封不严
	拒动、严重不到位	卡滞
		电气元件损坏，但对正常运行不影响

二、高压交流隔离开关与接地开关缺陷和故障的应对及管理

高压交流隔离开关与接地开关缺陷和故障的应对及管理就是要求全面掌握设备在运行中的健康状况，以便及时发现其缺陷，分析产生缺陷的原因，分清缺陷的严重程度；对缺陷进行报告、登记、统计分析，分别进行处理；同时掌握设备的运行规律，努力做到防患于未然。

隔离开关与接地开关的缺陷管理遵循"三不放过"的原则，即"缺陷原因未查明不放过，缺陷没有得到彻底处理不放过，同类结构形式、同一原因的缺陷没有采取防范措施不放过"，做到控制源头、及时发现、及时消除。除此之外，对缺陷必须实行闭环管理，就是要求对缺陷从发现、汇报、消缺、验收全过程的跟踪检查记录，每个环节都要签字负责，使隔离开关与接地开关缺陷从发现到处理，重新投入使用，形成一个闭环反馈的全过程管理。具体地说就是要做好如下工作：

当发现隔离开关与接地开关存在缺陷、隐患、故障或其他异常情况时，无论消除与否，均由值班人员在运行工作记录和设备缺陷记录簿中做好详细记录（记录隔离开关或接地开关编号、缺陷部位、缺陷内容、发现人、发现时间），并向有关人员汇报。首先向值班负责人汇报，然后由值班负责人组织当值人员进行检查处理，对不能处理的缺陷，根据缺陷情况，采取必要的措施，加强监控。值班负责人根据缺陷具体的检查处理情况，对缺陷进行定级，并向当班调度人员以及有关领导汇报，并做好记录（记录汇报调度某人和汇报时间）。

报告缺陷时，应详细、准确，不能含糊其词，包括其编号、设备型号、生产厂家、投运时间，缺陷部位、缺陷内容、造成的影响及可能的后果，缺陷发现的时间、检查处理情况，以及对缺陷定级。调度部门接到缺陷报告后，要有针对性地做好事

故预案，指导运行人员做好应急准备，提醒运行人员加强设备巡视和监督工作。对于紧急缺陷，果断、合理地做好负荷转移、限电、停电工作，并及时进行请示安排。填写设备缺陷记录，受理分析，根据缺陷故障现象以及电网运行情况综合考虑，并提出处理意见，最终对缺陷定性。紧急缺陷应立即请示相关领导和通知有关部门处理；重大缺陷应及时将设备缺陷简要情况及处理建议报告运行室及相关消缺部门；一般缺陷，填写设备缺陷通知单派发到运行维护及相关消缺部门。对已消除的设备缺陷应注销，但对设备缺陷处理后要进行跟踪。

运行维护部门接到设备缺陷报告后，应指导相关部门做好隔离开关与接地开关缺陷的处理和管理工作，协助各部门解决消缺中的有关技术问题，对缺陷进行统计、分析、跟踪、处缺督办、总结，并定期和不定期地向分管经理汇报设备缺陷及处理情况。

变电站对所发生的一切缺陷，应在交接班或运行分析会时，将设备缺陷情况以及处理情况进行汇报和分析。不断总结运行经验，不断交流业务技术，不断提高运行维护水平。

综上所述，加强对隔离开关与接地开关缺陷和故障的监督和管理，并督促缺陷的处理和消除，提高设备的健康水平，是确保整个电站乃至系统安全、可靠运行的重要保证。

第二节　常见故障分析与处理

一、拒动和分合闸不到位故障

隔离开关与接地开关分合闸操作失灵，拒分、拒合和分合闸操作不到位是常见故障。根据有关资料的统计数据，隔离开关分合闸操作异常占到了隔离开关所有危急和严重缺陷的20%以上，因此，应给予足够的重视。

1. 分合闸异常故障原因分析

高压交流隔离开关与接地开关分合闸故障主要由制造、安装、调试以及检修等环节引发，分析起来主要可分为：

（1）机构箱密封不良，门关闭不严，导致机构箱受潮或进水，造成箱内齿轮、连杆、电器元件锈蚀而动作卡滞失灵，使机构输出轴出现分合闸不到位，或拒分、拒合。限位开关和限位挡块间隙大或发生位移、辅助开关转换失灵和损坏、二次接线端子接触不良、接触器不吸合及动作按钮失灵或卡死，都会造成分合闸异常故障的发生。

（2）隔离开关和接地开关机械传动部件加工精度低、机械强度差、公差大、传动部件之间的配合精度低，导致传动不可靠，操作不稳定。此外，部件变形或损坏，如开口销脱落、拉杆弯曲变形、轴承断裂，也会造成分合闸异常故障的发生。

（3）户外运行的隔离开关和接地开关，因长期经受风、霜、雨、雪、污秽等各种自然条件的侵蚀，均会造成动、静触头以及其他运动部件锈蚀、变形、润滑剂干燥和流失，这是导致隔离开关和接地开关操作失灵的主要诱因。

（4）工厂装配和现场安装质量不良也是造成操作失灵的主要原因之一。

2. 分合闸异常故障处理

（1）对操动机构箱及机械传动部分进行维修检查。密封条老化、机构箱门变形应及时更换，机构箱内各传动件锈蚀、变形、损坏的应更换。轴承、齿轮、轴套等部位注意涂覆润滑脂。对电气元器件进行功能检查，功能失灵的元器件予以更换。

（2）对操动机构箱外的机械传动系统进行检查，更换锈蚀、变形、断裂的零部件；对轴承座进行解体检查；检查转动杠杆的垂直度及其根部的焊缝，垂直度超出允许范围或根部焊缝开裂的予以更换；检查轴承、密封圈，必要时应更换。所有转动部位涂覆润滑脂。

（3）清理动、静触头接触部位和整个传动部分的冰雪及杂物。

（4）清理打磨动、静触头部分的锈蚀、烧蚀、突起和风沙的黏结等，锈蚀、烧蚀导致镀层破坏了的零部件应予更换。

（5）检查绝缘子是否有开胶、裂纹或损伤等问题，特别要注意绝缘子的垂直度是否满足要求，有问题的应立即更换或重新拆装，重新安装时注意垂直度要求。

（6）检查螺栓及其紧固情况。

二、高压交流隔离开关载流故障

与高压断路器载流故障一样，高压交流隔离开关的载流故障也可以分为两大类，一类是隔离开关的接线端子过热故障，另一类是隔离开关自身触头接触不良造成的触头过热故障。根据有关资料的统计，隔离开关导电回路发热故障几乎占到隔离开关所有危急和严重缺陷的 30%，远高于断路器同类故障的占比，这一现象是由隔离开关的结构特点和运行环境所决定的。因此，此类故障的原因分析与故障处理对于隔离开关尤为重要。隔离开关接线端子异常发热如图 7-1所示。

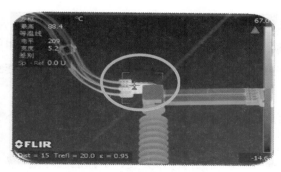

图 7-1　接线端子异常发热

1. 隔离开关载流故障原因分析

隔离开关载流故障的根本原因是发热部位接触电阻增大，而造成电阻增大的原因是多方面的。

（1）触头弹簧与触头之间未采取绝缘措施或虽有措施但已损坏，导致弹簧分流退火，失去弹性，造成触头与导电杆接触不良而发热。

（2）触头弹簧质量差，长期运行后失去弹性。

（3）触头弹簧尺寸长短和弹性大小不一，不能形成闭合圆。

（4）镀银质量不良，硬度不够。

（5）合闸不到位。

（6）触头系统防污能力差，导电部件的连接部位发生锈蚀。

2. 隔离开关载流故障处理

针对上述接触不良和过热引起的隔离开关载流故障重在预防，对于发热后的故障处理主要以修复或更换烧蚀零部件为主，具体有以下几个方面：

（1）运行部门应定期采用红外测温仪对导电回路进行检查，若发现温度异常升高，需跟踪监视。必要时测量主回路电阻，超过规定要求时，进行维护检修。

（2）清理接触面，重新涂覆导电脂。更换锈蚀、损坏严重的触头、触指、弹簧等。

三、绝缘子断裂

根据有关资料的统计，隔离开关产品绝缘子断裂故障在隔离开关所有危急和严重缺陷的占比还不到 2%，虽然占比不高，但是此类故障危害极其严重，常常导致设备损坏、母线短路，造成重大事故。绝缘子断裂见图 7-2。

图 7-2　绝缘子断裂

1. 绝缘子断裂原因分析

（1）现场安装质量差。产品在工厂就没有进行过整体装配和出厂试验，绝缘子直接发往现场，现场安装没有严格按照安装使用说明书的有关要求进行调整，以致操作时绝缘子受力较大。

（2）外引连接线为软母线时，因连接不规范，使母线弧垂不够，造成绝缘子受到过大的拉力。

（3）由于锈蚀等原因导致机构操作失灵、卡滞后强行进行人工操作。

（4）长期运行绝缘子老化，造成强度降低。

（5）法兰胶装质量不良，密封失灵，进水、冰冻造成绝缘子胀裂。

（6）绝缘子制造质量不良。

（7）产品设计使绝缘子在正常工作时受附加弯矩，加速绝缘子老化。

2. 绝缘子断裂处理

（1）提高绝缘子法兰根部的浇注工艺水平。

（2）安装时应严格按照产品安装指导书要求进行。

（3）定期对绝缘子法兰进行维护检修。

（4）工厂必须在厂内进行整体组装、调试。

四、零部件变形和损坏

零部件的变形和损坏是隔离开关与接地开关常见问题，各种故障几乎都与此有关，对隔离开关与接地开关的安全运行有直接的影响。

1. 零部件变形和损坏原因分析

（1）隔离开关与接地开关零部件的损坏和变形，除设计、制造、安装、调试等原因以外，锈蚀、导电回路过热都可以造成其零部件的损坏和变形，而锈蚀是其中最主要的原因。开关设备经过长期的运行，在雨、雪等影响下，部分零部件出现锈蚀，锈蚀不仅可以直接造成零部件的损坏或降低其机械强度，同时锈蚀与灰尘（沙粒）还能够使转动和传动连接部位卡滞，而较少的开关操作，更容易使传动零部件锈蚀卡死。这些因素都可以造成开关操作时零部件变形与损坏。隔离开关传动系统零部件变形损坏情况如图7-3所示。

（2）触头发热、烧蚀，也可造成开关在操作过程中阻力增大或出现卡滞，进而使触片、触指或连接件受力过大而变形、损坏。触头零件变形、损坏的情况如图7-4所示。

2. 零部件变形和损坏处理

（1）此类故障应以预防为主，即结合日常的运行维护，定期检查触头接触是否

(a)　　　　　　　　　　　　　(b)

图7-3　隔离开关传动零部件变形损坏

（a）情况一；（b）情况二

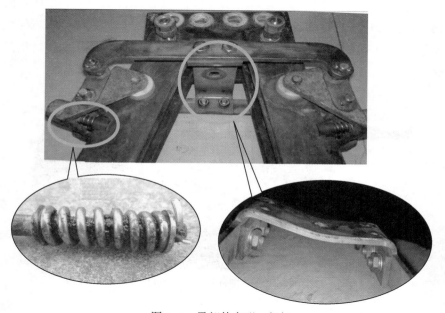

图7-4　零部件变形、损坏

正常，表面是否完好、清洁。定期检查传动系统和操动机构，及时润滑传动部位。

（2）对于已经发生变形或损坏的零部件，应及时修复或更换。

五、锈蚀

高压交流隔离开关和接地开关，由于其零部件大多裸露在外，长期风吹日晒，受空气中有害气体和雨雪侵蚀，非常容易造成零部件锈蚀。锈蚀虽然不是故障或异常，但是，金属零部件长期发生锈蚀会导致零部件的机械强度降低、传动或转动的部件之间的磨损加重，最后会使机械部件变形或损坏，从而引发隔离开关与接地开关分合闸异常、导电系统过热、联锁失灵等多种故障。因此，制造和运行部门必须

图 7-5　导电管表面锈蚀掉层

对锈蚀给予特别关注。

（1）导电回路用导电管多为铝合金材料，零部件尺寸也比较大。对于这类零部件，当其表面出现一般的污迹、黑斑等轻微锈蚀，可用百洁布清理打磨干净。对于锈蚀严重的导电管，如出现表面腐烂、掉层时，应予更换。导电管表面锈蚀掉层现象如图 7-5 所示。

（2）传动系统及支架多采用钢质零部件，其表面防护一般为镀锌或热浸锌。对于尺寸较大的零部件，当发生锈蚀时，初期应及时打磨清理锈蚀，并按厂家规定的方法进行表面处理；当锈蚀、损坏严重时，应予更换。对于尺寸较小的零部件，通常采用更换的方法。传动部件与软连接的锈蚀情况如图 7-6 所示。

图 7-6　传动部件与软连接的锈蚀

参 考 文 献

［1］DL/T 393—2010. 输变电设备状态检修试验规程［S］.

［2］DL/T 486—2010. 高压交流隔离开关和接地开关［S］.

［3］DL/T 593—2006. 高压开关设备和控制设备的共用技术要求［S］.

［4］GB 311.1—2012. 绝缘配合　第 1 部分：定义、原则和规则. 北京：中国标准出版社，2013.

［5］GB/T 311.2—2013. 绝缘配合　第 2 部分：使用导则. 北京：中国标准出版社，2014.

［6］国家电网公司高压交流隔离开关完善化工作组. 电力系统 72.5～550kV 高压交流隔离开关运行分析（国家电网公司 2003 年高压开关专业会议资料之三）. 2003.

［7］IEC/TR 62271-305：2009，高压开关设备和控制设备　第 305 部分：额定电压 52kV 以上空气绝缘隔离开关的容性电流开合能力［S］.

［8］帅军庆. 电力企业资产全寿命周期管理：理论、方法及应用. 北京：中国电力出版社，2010.